Zytomegalievirus -Infektion Entmystifiziert

Ein Umfassender und Praktischer Ansatz zum Verständnis von Symptomen, Ursachen, Behandlungen und zur Überwindung der Erkrankung

| Dinge, Die Sie Wissen Müssen |

Isabella White

Haftungsausschluss: *Die in diesem Buch bereitgestellten Informationen wurden nicht von der FDA bewertet und dienen nicht der Diagnose, Behandlung, Heilung oder Vorbeugung von Krankheiten oder Gesundheitszuständen. Der Inhalt dient ausschließlich Informations- und Bildungszwecken. Es ist nicht als Ersatz für den medizinischen Rat Ihres Arztes oder einer anderen medizinischen Fachkraft gedacht. Bei gesundheitlichen Bedenken wenden Sie sich bitte an einen qualifizierten Gesundheitsdienstleister. Der Autor und der Herausgeber lehnen jegliche Verantwortung für etwaige nachteilige Auswirkungen der Anwendung der hier bereitgestellten Informationen ab.*

Über das Buch

Zytomegalievirus-Infektion Entmystifiziert
ist ein unverzichtbarer Leitfaden für jeden, der diese
allgegenwärtige, aber oft missverstandene
Erkrankung besser verstehen möchte. Mit seiner
umfassenden Berichterstattung über CMV,
einschließlich seiner potenziellen Auswirkungen,
Managementstrategien und vorbeugenden
Maßnahmen, ist dieses Buch eine maßgebliche
Ressource, die Ihnen helfen kann, informiert zu
bleiben und die Kontrolle über Ihre Gesundheit zu
übernehmen. Ganz gleich, ob Sie ein medizinisches
Fachpersonal, ein Patient oder jemand sind, der
mehr über CMV erfahren möchte,
Zytomegalievirus-Infektion Entmystifiziert
ist eine Pflichtlektüre.

Whites sorgfältige Recherche und sein zugänglicher
Schreibstil machen dieses Buch zu einer unschätzbar

wertvollen Ressource für Menschen mit CMV, ihre Familien, Gesundheitsdienstleister und alle, die sich für die öffentliche Gesundheit interessieren. Die ausführlichen Kapitel des Buches decken alles ab, von der grundlegenden Biologie des Virus bis hin zu den neuesten Fortschritten in der Behandlung und der laufenden Suche nach einem Impfstoff.

Die Kombination aus wissenschaftlicher Präzision und einfühlsamem Geschichtenerzählen. *Zytomegalievirus-Infektion Entmystifiziert* klärt und beruhigt Personen, die von CMV betroffen sind, und gibt ihnen Trost und Optimismus. Es ist ein Beweis für die Widerstandsfähigkeit der Patienten und das Engagement der medizinischen Gemeinschaft im Kampf gegen diese stille Bedrohung.

Egal, ob Sie Mediziner, Patient oder jemand sind, der sein Wissen erweitern möchte, dieses Buch wird ein entscheidendes Werkzeug in Ihrem Arsenal gegen CMV sein. Begleiten Sie Isabella White auf einer Reise der Entdeckung und Stärkung mit *Zytomegalievirus-Infektion Entmystifiziert.*

Über den Autor

Isabella White bringt durch ihr Schreiben fundiertes Fachwissen und Mitgefühl mit, um gesundheitliche Herausforderungen zu beleuchten. Als integrative Medizinerin verbindet sie konventionelles medizinisches Wissen mit evidenzbasierten ganzheitlichen Ansätzen.

Dr. White erhielt ihren Medizinabschluss und einen Master in traditioneller chinesischer Medizin von der University of Washington. Sie verfügt über mehr als 15 Jahre klinische Erfahrung und unterstützt

Patienten dabei, ihre Gesundheit und ihr Wohlbefinden zu optimieren.

Als erfahrener Gesundheitsjournalist ist Dr. White dafür bekannt, komplexe medizinische Konzepte in eine leicht verständliche, ansprechende Sprache zu bringen. Sie hat Artikel über integrative Techniken in medizinischen Fachzeitschriften und Büchern veröffentlicht.

Mit mehr als einem Jahrzehnt Erfahrung in Forschung und Lehre bietet Dr. White seinen Lesern wissenschaftlich fundierte und dennoch humanistische Einblicke. Ihre klinische Erfahrung und ihre Wertschätzung für Patientenperspektiven sorgen dafür, dass ihre Texte bei unterschiedlichen Zielgruppen Anklang finden.

Ziel von Dr. White ist es, den Lesern die Werkzeuge an die Hand zu geben, die sie für eine optimale Pflege und optimale Ergebnisse benötigen, indem sie Gesundheitsthemen mit Weisheit, Einfühlungsvermögen und Sensibilität erklären. Sie bringt Klarheit, Sicherheit und Hoffnung, die auf Wissenschaft und Mitgefühl basieren.

Inhaltsverzeichnis

EINFÜHRUNG

Das Zytomegalievirus (CMV) ist eine weit verbreitete Virusinfektion aus der Familie der Herpesviren. Sie kommt häufig vor und verläuft oft asymptomatisch, was bedeutet, dass viele Menschen daran erkranken, ohne es zu merken. Für bestimmte Personen, beispielsweise Personen mit geschwächtem Immunsystem oder schwangere Frauen, kann CMV jedoch ernsthafte Gesundheitsrisiken darstellen.

Die Prävalenz von CMV ist erschreckend. Schätzungen gehen davon aus, dass zwischen 50 und 80 % der Erwachsenen in den Vereinigten Staaten bis zum Alter von 40 Jahren mit dem Virus infiziert sind. Während bei den meisten gesunden Personen, die sich mit CMV infizieren, keine oder nur leichte, grippeähnliche Symptome auftreten, kann das Virus für bestimmte Gruppen schwerwiegende Folgen haben.

Bei Personen mit geschwächtem Immunsystem, beispielsweise bei Organtransplantationen, Krebsbehandlungen oder Menschen mit HIV/AIDS, kann CMV lebensbedrohliche Komplikationen verursachen. In diesen Fällen kann das Virus zu schweren Infektionen verschiedener Organe führen, darunter Lunge, Leber, Gehirn und Augen.

Schwangere Frauen, die sich während der Schwangerschaft zum ersten Mal mit CMV infizieren, können die Infektion möglicherweise auf ihr ungeborenes Kind übertragen, eine Erkrankung, die als angeborenes CMV bezeichnet wird. Dies kann zu verheerenden angeborenen Behinderungen führen, darunter Hörverlust, Sehbehinderung, geistige Behinderung und sogar Tot- oder Fehlgeburten.

Trotz seiner Verbreitung und potenziellen Risiken sind sich viele Menschen des CMV nicht bewusst oder unterschätzen seine Auswirkungen. Dieser Mangel an Bewusstsein führt häufig zu unzureichenden Präventionsmaßnahmen, einer verzögerten Diagnose und einem suboptimalen Management der Infektion und ihrer Folgen.

Die Bedeutung von Bewusstsein und Bildung

Die Sensibilisierung und Förderung der Aufklärung über das Zytomegalievirus (CMV) ist aus mehreren Gründen von entscheidender Bedeutung. In erster Linie hilft es Einzelpersonen, die potenziellen Risiken und Auswirkungen der Infektion zu verstehen, insbesondere Personen mit geschwächtem Immunsystem oder schwangeren Frauen.

Viele Menschen sind sich der Gefahren des Zytomegalievirus (CMV) nicht bewusst und gehen davon aus, dass es sich um ein harmloses Virus ohne nennenswerte Folgen handelt. Dies kann zu einem falschen Sicherheitsgefühl führen und dazu führen, dass die notwendigen Vorsichtsmaßnahmen nicht getroffen oder nicht rechtzeitig ärztliche Hilfe in Anspruch genommen werden. Es ist wichtig zu verstehen, dass dieses Missverständnis schwerwiegende Folgen haben kann, und wir müssen uns über die mit CMV verbundenen Risiken informieren.

Darüber hinaus kann begrenztes Wissen über CMV zu einer verzögerten Diagnose und einer unzureichenden Behandlung der Infektion führen. Medizinisches Fachpersonal kann CMV-bedingte Symptome übersehen oder falsch diagnostizieren, was dazu führt, dass Gelegenheiten für eine frühzeitige Intervention und Behandlung verpasst werden.

Aufklärung und Sensibilisierung spielen auch eine wichtige Rolle bei der Verhinderung der Ausbreitung von CMV. Durch das Verständnis der Übertragungswege und die Umsetzung geeigneter Hygienepraktiken können Einzelpersonen das Risiko einer Ansteckung oder Übertragung des Virus auf gefährdete Bevölkerungsgruppen wie Neugeborene und immungeschwächte Personen verringern.

Erhöhtes Bewusstsein und Aufklärung können auch offene Diskussionen über CMV erleichtern und Stigmatisierungen und Missverständnisse beseitigen, die im Zusammenhang mit der Infektion bestehen können. Dieser offene Dialog kann Einzelpersonen dazu ermutigen, Unterstützung zu suchen, ihre Erfahrungen auszutauschen und zu einem umfassenderen Verständnis der Erkrankung beizutragen.

Darüber hinaus kann die Sensibilisierung Forschungsbemühungen und Finanzierungsmöglichkeiten vorantreiben, um bessere Diagnosemethoden, Behandlungen und vorbeugende Maßnahmen gegen CMV zu entwickeln. Je mehr Menschen über die möglichen Folgen der Infektion informiert werden, desto größer wird der Bedarf an wirksamen Lösungen und der Unterstützung wissenschaftlicher Bemühungen in diesem Bereich.

Ziel dieses Buches ist es, das Bewusstsein und die Aufklärung über CMV zu fördern, indem es den Einzelnen Wissen und Verständnis vermittelt. Es ermöglicht den Lesern, fundierte Entscheidungen zu treffen, angemessene medizinische Versorgung in Anspruch zu nehmen und vorbeugende Maßnahmen zu ergreifen, um sich selbst und ihre Angehörigen vor den potenziellen Risiken dieser weit verbreiteten Virusinfektion zu schützen.

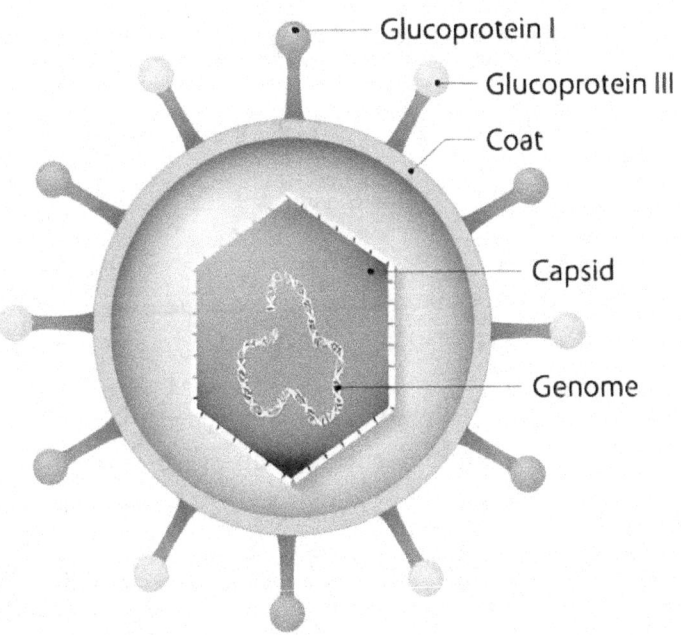

Kapitel 1

DIE GRUNDLAGEN DES CYTOMEGALOVIRUS

Was ist Zytomegalievirus?

Das Zytomegalievirus (CMV) gehört zur Familie der Herpesviren, einer Gruppe von Viren, die dafür bekannt sind, lebenslange Infektionen im menschlichen Körper hervorzurufen. Im Gegensatz zu anderen bekannten Herpesviren, etwa denen, die Fieberbläschen oder Windpocken verursachen, greift CMV in erster Linie bestimmte Zellen und Gewebe im Körper an und verursacht keine weit verbreiteten Hautinfektionen.

Im Kern handelt es sich bei CMV um ein komplexes und äußerst anpassungsfähiges Virus, das sich über Jahrhunderte gemeinsam mit dem Menschen entwickelt hat. Es ist in der Lage, die Immunabwehr des Körpers zu umgehen und so über längere Zeiträume in einem Ruhezustand innerhalb der Zellen zu verharren, ohne erkennbare Symptome zu verursachen. Diese Fähigkeit, unentdeckt zu bleiben, ist einer der Gründe dafür, dass CMV-Infektionen so weit verbreitet sind und ein erheblicher Teil der Weltbevölkerung das Virus in sich trägt, ohne es überhaupt zu merken.

Trotz seiner heimlichen Natur ist CMV nicht immer harmlos. Bei Personen mit geschwächtem Immunsystem, beispielsweise Personen, die sich einer Organtransplantation unterziehen, Krebsbehandlungen erhalten oder mit HIV/AIDS leben, kann das Virus reaktivieren und schwere Komplikationen verursachen, die verschiedene Organe, einschließlich Lunge, Leber, Gehirn und Augen, betreffen. Darüber hinaus können schwangere Frauen, die während der Schwangerschaft eine primäre CMV-Infektion bekommen, das Virus möglicherweise auf ihr ungeborenes Kind übertragen, was zu einer angeborenen CMV-Infektion führt. Dieser Zustand kann zu schweren angeborenen Behinderungen und langfristigen Entwicklungsstörungen führen.

Obwohl CMV vor allem für seine Auswirkungen auf gefährdete Bevölkerungsgruppen bekannt ist, ist es wichtig zu beachten, dass selbst bei gesunden Personen bei einer Erstinfektion mit dem Virus leichte bis mittelschwere Symptome auftreten können. Diese Symptome können von Müdigkeit und Fieber bis hin zu geschwollenen Drüsen und Halsschmerzen reichen und ähneln oft denen anderer häufiger Virusinfektionen wie Grippe oder Mononukleose.

Für Einzelpersonen, medizinisches Fachpersonal und öffentliche Gesundheitsbehörden ist es von entscheidender Bedeutung, die Natur von CMV, seine Übertragungswege und sein Potenzial, unter bestimmten Umständen Schaden anzurichten, zu verstehen. Indem wir dieses komplexe Virus entmystifizieren und das Bewusstsein für seine Existenz und mögliche Folgen schärfen, können wir seine Ausbreitung verhindern, seine Auswirkungen bewältigen und letztendlich die Herausforderungen dieser hartnäckigen und anpassungsfähigen Infektion meistern.

Historische Perspektive

Die Geschichte des Zytomegalievirus (CMV) ist eine faszinierende Geschichte, die sich über Jahrhunderte erstreckt und mit wichtigen wissenschaftlichen Entdeckungen und medizinischen Fortschritten verknüpft ist. Während das Virus wahrscheinlich jahrtausendelang mit Menschen koexistierte, haben sich seine formale Identifizierung und sein Verständnis weiterentwickelt und spiegeln den Fortschritt des medizinischen Wissens und der technologischen Fähigkeiten wider.

Der früheste bekannte Hinweis auf CMV lässt sich bis ins späte 19. Jahrhundert zurückverfolgen, als zwei deutsche Pathologen, Hugo Ribbert und Johann Ritter von Rittershain, unabhängig voneinander ungewöhnlich große Zellen in der Lunge und den Nieren totgeborener Säuglinge beobachteten. Diese vergrößerten Zellen, später

„Zytomegalie"-Zellen genannt, waren die ersten Hinweise auf die Existenz eines unbekannten Krankheitserregers.

In den 1950er Jahren kam es zu bedeutenden Durchbrüchen in der CMV-Forschung. Im Jahr 1954 gelang es Margaret Gladys Smith, einer Virologin am Viral and Rickettsial Disease Laboratory in Boston, das Virus erfolgreich aus zwei Fällen zu isolieren und zu kultivieren, an denen Säuglinge mit angeborener Zytomegalie-Einschlusskrankheit beteiligt waren. Diese bahnbrechende Leistung ebnete den Weg für weitere Untersuchungen zur Natur und zum Verhalten des Virus.

In den folgenden Jahrzehnten haben Forscher weltweit erhebliche Anstrengungen unternommen, um die Geheimnisse des CMV zu entschlüsseln. Fortschritte in der Molekularbiologie, Immunologie und diagnostischen Technologien spielten eine entscheidende Rolle bei der Vertiefung unseres Verständnisses der Struktur des Virus, seiner Übertragungswege und seiner Fähigkeit, dem menschlichen Immunsystem zu entgehen.

Einer der bedeutendsten Meilensteine in der CMV-Forschung kam in den 1980er Jahren, als das Virus als Hauptursache für lebensbedrohliche Infektionen bei Personen mit geschwächtem Immunsystem erkannt wurde, insbesondere bei Personen, die sich einer Organtransplantation unterziehen oder mit HIV/AIDS leben. Diese Erkenntnis verdeutlichte die dringende Notwendigkeit wirksamer antiviraler Behandlungen und vorbeugender Maßnahmen zum Schutz dieser gefährdeten Bevölkerungsgruppen.

CMV ist auch heute noch Gegenstand intensiver wissenschaftlicher Untersuchungen, wobei sich die laufende Forschung auf die Entwicklung verbesserter Diagnoseinstrumente, wirksamerer antiviraler Therapien und potenzieller Impfstoffkandidaten konzentriert. Heutzutage haben viele Menschen Zugang zu sehr fortschrittlichen molekularen Techniken, die uns dabei geholfen haben, viel darüber zu lernen, wie CMV das menschliche Immunsystem beeinflusst und verändert. Dies hat uns geholfen, dieses herausfordernde und komplizierte Virus noch besser zu verstehen.

Prävalenz und Epidemiologie

Das Zytomegalievirus (CMV) ist eine der häufigsten Virusinfektionen weltweit und betrifft Menschen aller geografischen Regionen, sozioökonomischen Ebenen und Altersgruppen. Die Prävalenz und Epidemiologie von CMV ist bemerkenswert und spiegelt die Fähigkeit des Virus wider, sich effizient zu verbreiten und lebenslange Infektionen im menschlichen Körper hervorzurufen.

Weltweit ist schätzungsweise mehr als die Hälfte der Weltbevölkerung Träger von CMV, wobei die Seroprävalenzraten (das Vorhandensein von Antikörpern, die auf eine frühere Exposition hinweisen) in verschiedenen Ländern und Bevölkerungsgruppen zwischen 45 % und 100 % liegen. In entwickelten Ländern wie den Vereinigten Staaten und Westeuropa liegen die Seroprävalenzraten bei Erwachsenen typischerweise zwischen 50 und 80 % und steigen mit zunehmendem Alter.

Allerdings ist die Prävalenz von CMV im Allgemeinen in Entwicklungsländern und Regionen mit niedrigerem sozioökonomischen Status höher, wo Faktoren wie Überbelegung, schlechte sanitäre Einrichtungen und eingeschränkter Zugang zur Gesundheitsversorgung zu einer schnelleren Übertragung beitragen können. In einigen Teilen Afrikas, Asiens und Lateinamerikas können die Seroprävalenzraten in bestimmten Bevölkerungsgruppen über 90 % liegen.

Interessanterweise variiert die CMV-Prävalenz auch je nach spezifischen demografischen Merkmalen. Frauen weisen tendenziell höhere Seroprävalenzraten auf als Männer, was wahrscheinlich auf eine erhöhte Exposition durch Kinderbetreuung und Betreuungspflichten zurückzuführen ist. Darüber hinaus besteht für Personen aus niedrigeren sozioökonomischen Verhältnissen und Personen, die in beengten Wohnverhältnissen leben, ein höheres Risiko, sich mit CMV zu infizieren, da sie dem Virus häufiger durch engen Kontakt und gemeinsame Umgebungen ausgesetzt sind.

Die Übertragungswege von CMV sind vielfältig und tragen zu seiner weiten Verbreitung bei. Das Virus kann durch Körperflüssigkeiten wie Speichel, Urin, Blut und Muttermilch sowie durch engen persönlichen Kontakt, sexuelle Aktivität und vertikale Übertragung von der Mutter auf das Kind während der Schwangerschaft oder Geburt übertragen werden. Diese Vielzahl von Übertragungswegen macht es schwierig, eine Exposition vollständig zu verhindern, insbesondere in Populationen mit stark verbreitetem CMV.

Während CMV-Infektionen im Allgemeinen asymptomatisch verlaufen oder bei gesunden Personen leichte Symptome verursachen, kann das Virus für bestimmte gefährdete Bevölkerungsgruppen ein erhebliches Risiko darstellen. Angeborenes CMV, das auftritt, wenn das Virus von einer infizierten Mutter auf ihr ungeborenes Kind übertragen wird, ist weltweit eine der Hauptursachen für angeborene Behinderungen und Entwicklungsstörungen. Darüber hinaus stellt CMV eine erhebliche Bedrohung für Personen mit geschwächtem Immunsystem dar, beispielsweise für Empfänger von Organtransplantationen, Krebspatienten, die sich einer Chemotherapie unterziehen, und Menschen, die mit HIV/AIDS leben.

Das Verständnis der Prävalenz und Epidemiologie von CMV ist von entscheidender Bedeutung für die Entwicklung wirksamer Strategien für die öffentliche Gesundheit, die Umsetzung präventiver Maßnahmen und die Priorisierung von Forschungsbemühungen zur Bewältigung der Herausforderungen, die diese weit verbreitete Virusinfektion mit sich bringt. Indem wir die globale Belastung durch CMV und seine potenziellen Auswirkungen erkennen, können wir Ressourcen besser zuweisen und Interventionen zum Schutz der am stärksten gefährdeten Bevölkerungsgruppen anpassen.

Kapitel 2

ÜBERTRAGUNG UND RISIKOFAKTOREN

Wie CMV Verbreitet Wird

Das Zytomegalievirus (CMV) ist ein hochansteckendes Virus, das auf verschiedenen Wegen übertragen werden kann, was es zu einer weit verbreiteten und anhaltenden Infektion macht. Das Verständnis der verschiedenen Übertragungswege ist von entscheidender Bedeutung für die Umsetzung wirksamer Präventivmaßnahmen und den Schutz gefährdeter Bevölkerungsgruppen vor den möglichen Folgen von CMV.

Eine der Hauptübertragungsarten von CMV ist der direkte Kontakt mit Körperflüssigkeiten wie Speichel, Urin, Blut, Sperma und Muttermilch einer infizierten Person. Dies kann durch Aktivitäten wie Küssen, das Teilen von Utensilien oder Trinkbehältern, sexuellen Kontakt oder Kontakt mit infektiösen Sekreten während der Geburt oder Stillzeit auftreten.

CMV kann auch durch engen persönlichen Kontakt übertragen werden, insbesondere in Umgebungen, in denen Personen in unmittelbarer Nähe leben oder arbeiten. Besonders relevant ist dieser Übertragungsweg in Kindertagesstätten, Schulen und Langzeitpflegeeinrichtungen, wo sich das Virus leicht über gemeinsam genutzte Spielzeuge, Oberflächen oder Pflegeaktivitäten verbreiten kann.

Ein weiterer wichtiger Weg der CMV-Übertragung ist die vertikale Übertragung, die auftritt, wenn eine infizierte Mutter das Virus während der Schwangerschaft auf ihr ungeborenes Kind oder während der Entbindung auf das Neugeborene überträgt. Diese Art der Übertragung kann zu angeborenem CMV führen. Dieser Zustand kann beim betroffenen Kind zu schweren angeborenen Behinderungen und langfristigen Entwicklungsstörungen führen.

Zusätzlich zu diesen Übertragungswegen kann CMV auch durch Organtransplantationen oder Bluttransfusionen übertragen werden. Durch strenge Screening- und Sicherheitsmaßnahmen wurde das Risiko einer Übertragung über diese Wege in vielen Industrieländern jedoch erheblich verringert.

Es ist wichtig zu beachten, dass Personen mit geschwächtem Immunsystem, wie z. B. Empfänger von Organtransplantationen, Personen, die sich einer Krebsbehandlung unterziehen, oder Personen, die mit HIV/AIDS leben, einem höheren Risiko ausgesetzt sind, sich mit CMV zu infizieren oder eine Reaktivierung einer zuvor ruhenden Infektion zu erleiden. In diesen Fällen kann das Virus schwere und lebensbedrohliche Komplikationen verursachen, die verschiedene Organe und Systeme betreffen.

Hochrisiko Populationen

Während Infektionen mit dem Zytomegalievirus (CMV) im Allgemeinen asymptomatisch verlaufen oder bei gesunden Personen leichte Symptome hervorrufen, besteht bei bestimmten Bevölkerungsgruppen ein erhöhtes Risiko, schwere Komplikationen durch das Virus zu entwickeln. Das Verständnis dieser Hochrisikogruppen ist entscheidend für die Umsetzung gezielter Präventionsmaßnahmen und die Sicherstellung einer angemessenen medizinischen Versorgung.

- **Säuglinge mit angeborenem CMV:**
  Angeborenes CMV, das auftritt, wenn das Virus während der Schwangerschaft von einer infizierten Mutter auf ihr ungeborenes Kind übertragen wird, ist einer der bedeutendsten Risikofaktoren. Bei Säuglingen, die mit angeborenem CMV geboren werden, besteht das Risiko, eine Reihe angeborener und langfristiger Behinderungen zu entwickeln, darunter Hörverlust, Sehbehinderung, geistige Behinderung und Entwicklungsverzögerungen. Eine frühzeitige Erkennung und Behandlung sind entscheidend, um die möglichen

Auswirkungen auf diese Säuglinge zu minimieren.

- **Personen mit schwachem Immunsystem:**
Menschen mit geschwächtem Immunsystem haben ein höheres Risiko, schwere CMV-Infektionen zu entwickeln. Dazu gehören Empfänger von Organtransplantaten, Personen, die sich einer Krebsbehandlung unterziehen (insbesondere solche, die eine Stammzell- oder Knochenmarktransplantation erhalten) und Menschen, die mit HIV/AIDS leben. In diesen Fällen kann CMV aus einem zuvor ruhenden Zustand reaktivieren und lebensbedrohliche Komplikationen verursachen, die verschiedene Organe betreffen, wie z. B. Lungenentzündung, Magen-Darm-Erkrankungen und Retinitis (eine Infektion der Netzhaut, die zu Sehverlust führen kann).

- **Frühchen:**
Frühgeborene, insbesondere solche, die vor der 32. Schwangerschaftswoche geboren wurden oder ein sehr niedriges Geburtsgewicht haben, haben ein erhöhtes Risiko, schwere CMV-Infektionen zu entwickeln. Ihr unausgereiftes Immunsystem und die langen Krankenhausaufenthalte machen sie anfälliger für die Ansteckung mit dem Virus, was zu schweren Komplikationen wie Lungenentzündung, Hepatitis und neurologischen Problemen führen kann.

- **Mitarbeiter des Gesundheitswesens:**
Angehörige der Gesundheitsberufe, insbesondere diejenigen, die in Umgebungen mit einer hohen CMV-Prävalenz arbeiten, wie z. B. Neugeborenen- oder Transplantationsstationen, sind einem erhöhten Risiko einer beruflichen Exposition gegenüber dem Virus ausgesetzt. Geeignete Präventivmaßnahmen, einschließlich persönlicher Schutzausrüstung und Einhaltung von

Infektionskontrollprotokollen, sind für die Minimierung des Übertragungsrisikos von entscheidender Bedeutung.

- **Personen in engen Kontakteinstellungen:**
CMV kann sich in Umgebungen, in denen Menschen eng zusammenleben oder arbeiten, wie Kindertagesstätten, Schulen, Langzeitpflegeeinrichtungen und Militärkasernen, schnell verbreiten. Kinder und Betreuer in diesen Umgebungen sind einem höheren Risiko ausgesetzt, sich mit dem Virus zu infizieren, da die Wahrscheinlichkeit einer Exposition gegenüber Körperflüssigkeiten und engem persönlichen Kontakt erhöht ist.

Die Identifizierung und das Verständnis dieser Hochrisikopopulationen ist für die Umsetzung gezielter Präventionsstrategien von entscheidender Bedeutung, z. B. die Förderung des Bewusstseins, die Ausübung guter Hygiene und die Einhaltung von Protokollen zur Infektionskontrolle. Darüber hinaus sind eine frühzeitige Diagnose und eine angemessene medizinische Behandlung von entscheidender Bedeutung, um die potenziellen Komplikationen und langfristigen Folgen von CMV-Infektionen in diesen gefährdeten Gruppen zu minimieren.

Vorbeugende Maßnahmen

Die Verhinderung der Übertragung des Zytomegalievirus (CMV) ist von entscheidender Bedeutung, insbesondere um Hochrisikopopulationen vor den möglichen Folgen der Infektion zu schützen. Obwohl eine vollständige Ausrottung des CMV aufgrund seiner weiten Verbreitung möglicherweise nicht möglich ist, können verschiedene vorbeugende Maßnahmen das Übertragungsrisiko erheblich verringern und die Auswirkungen des Virus minimieren.

- **Gute Hygiene praktizieren:**
  Die Aufrechterhaltung einer angemessenen Händehygiene ist eine der wirksamsten Maßnahmen gegen die Ausbreitung von CMV. Es ist wichtig, dass Sie Ihre Hände häufig mit Wasser und Seife waschen, insbesondere nach

dem Umgang mit Körperflüssigkeiten, dem Windelwechsel oder dem Kontakt mit potenziell kontaminierten Oberflächen. Um das Risiko einer Übertragung zu minimieren, ist es außerdem ratsam, Husten und Niesen abzudecken, die gemeinsame Nutzung persönlicher Gegenstände wie Utensilien oder Trinkbehälter zu vermeiden und die Umgebung sauber zu halten.

- **Umsetzung von Maßnahmen zur Infektionskontrolle:**
  Im Gesundheitswesen ist die strikte Einhaltung von Protokollen zur Infektionskontrolle von entscheidender Bedeutung, um die Ausbreitung von CMV zu verhindern. Dazu gehört die Verwendung persönlicher Schutzausrüstung (PSA) beim Umgang mit Körperflüssigkeiten, die ordnungsgemäße Desinfektion und Sterilisation medizinischer Geräte sowie die Einhaltung standardmäßiger Vorsichtsmaßnahmen für die Patientenversorgung.

- **Screening und Tests:**
Regelmäßige CMV-Screenings und -Tests können dabei helfen, infizierte Personen zu identifizieren, insbesondere in Hochrisikogruppen wie schwangeren Frauen, Empfängern von Organ- und Stammzelltransplantationen und Personen mit geschwächtem Immunsystem. Eine frühzeitige Erkennung ermöglicht eine schnelle Intervention und Behandlung und verringert so das Risiko schwerer Komplikationen.

- **Sicherer Umgang mit Blut und Körperflüssigkeiten:**
Die Gewährleistung der Sicherheit von Blutprodukten und anderen Körperflüssigkeiten ist von entscheidender Bedeutung, um eine CMV-Übertragung zu verhindern. Blutbanken und Gesundheitseinrichtungen sollten strenge Screening-Maßnahmen umsetzen und strenge Protokolle für die Handhabung und Verarbeitung von Blut und Blutprodukten

befolgen, um das Risiko einer CMV-Übertragung durch Transfusionen oder Organtransplantationen zu minimieren.

- **Schwangerschaftsvorsorge und Aufklärung:**
  Für schwangere Frauen ist eine regelmäßige Schwangerschaftsvorsorge und Aufklärung über CMV unerlässlich. Gesundheitsdienstleister sollten die Risiken von CMV während der Schwangerschaft besprechen, geeignete Vorsichtsmaßnahmen empfehlen (z. B. die Vermeidung des Kontakts mit Körperflüssigkeiten von Kleinkindern) und werdenden Müttern Screening- und Beratungsdienste anbieten.

- **Impfstoffentwicklung:**
  Obwohl kein zugelassener CMV-Impfstoff verfügbar ist, konzentriert sich die laufende Forschung auf die Entwicklung sicherer und wirksamer Impfstoffe zur Vorbeugung von CMV-Infektionen, insbesondere in Hochrisikopopulationen. Eine erfolgreiche Impfstoffentwicklung könnte die

CMV-Belastung erheblich reduzieren und gefährdete Personen vor den möglichen Folgen der Infektion schützen.

Durch die Umsetzung einer Kombination dieser vorbeugenden Maßnahmen, die auf bestimmte Hochrisikopopulationen und -umgebungen zugeschnitten sind, kann das Risiko einer CMV-Übertragung erheblich verringert und die potenziellen Auswirkungen des Virus minimiert werden. Durch einen umfassenden Ansatz, der Aufklärung, Hygiene, Infektionskontrolle und gezielte Interventionen in den Vordergrund stellt, können wir daran arbeiten, die Herausforderungen dieser weit verbreiteten Virusinfektion zu meistern.

Kapitel 3

ANZEICHEN UND SYMPTOME

Erkennen einer CMV-Infektion

Das Zytomegalievirus (CMV) wird oft als „stilles" oder „heimliches" Virus bezeichnet, da viele Personen, die sich mit der Infektion infizieren, keine Symptome oder nur leichte, unspezifische Symptome verspüren, die leicht mit anderen häufigen Krankheiten verwechselt werden können. Das Erkennen der potenziellen Anzeichen und Symptome einer CMV-Infektion ist jedoch von entscheidender Bedeutung, insbesondere für Personen in Hochrisikogruppen, da es bei der frühzeitigen Diagnose und sofortigen Behandlung helfen und möglicherweise schwere Komplikationen verhindern kann.

Bei gesunden Personen mit einem robusten Immunsystem kann die anfängliche CMV-Infektion, die sogenannte Primärinfektion, grippeähnliche Symptome hervorrufen wie:

1. Müdigkeit und Schwäche
2. Fieber
3. Halsentzündung
4. Muskelkater
5. Geschwollene Lymphknoten

Diese Symptome sind im Allgemeinen mild und können unbemerkt bleiben oder auf andere Virusinfektionen zurückzuführen sein. In einigen Fällen kann die primäre CMV-Infektion jedoch schwerwiegendere Symptome verursachen, einschließlich einer Mononukleose-ähnlichen Erkrankung mit anhaltendem Fieber, extremer Müdigkeit und einer Vergrößerung von Milz oder Leber.

Es ist wichtig zu beachten, dass CMV nach der Erstinfektion latent wird, das heißt, es bleibt im Körper ruhen, ohne irgendwelche Symptome zu verursachen. Bei Personen mit geschwächtem

Immunsystem, wie z. B. Empfängern von Organtransplantationen, Personen, die sich einer Krebsbehandlung unterziehen, oder Personen, die mit HIV/AIDS leben, kann das latente CMV jedoch reaktiviert werden und erhebliche Komplikationen verursachen.

Die Symptome einer CMV-Reaktivierung oder einer schweren Infektion bei immungeschwächten Personen können je nach betroffenem Organsystem variieren, können aber Folgendes umfassen:

1. **Lungenentzündung:** Husten, Atemnot und Fieber
2. **Magen-Darm-Erkrankungen:** Bauchschmerzen, Durchfall und Übelkeit
3. **Retinitis:** Sehprobleme, Floater und möglicherweise Sehverlust
4. **Hepatitis:** Gelbfärbung der Haut und der Augen, Bauchschmerzen und Müdigkeit
5. **Enzephalitis:** Kopfschmerzen, Verwirrtheit, Krampfanfälle und neurologische Ausfälle

Bei Neugeborenen mit angeborenem CMV (das sie während der Schwangerschaft von ihren Müttern erworben haben) können die Symptome verheerend sein und Folgendes umfassen:

1. Frühgeburt
2. Kleine Größe für das Gestationsalter
3. Gelbsucht
4. Hautausschlag oder violette Verfärbung der Haut
5. Schwerhörigkeit
6. Sichtprobleme
7. Entwicklungsverzögerungen oder geistige Behinderungen

Während viele CMV-Infektionen asymptomatisch verlaufen oder mit leichten, unspezifischen Symptomen einhergehen, ist es wichtig, die potenziellen Anzeichen zu kennen und einen Arzt aufzusuchen, insbesondere bei Personen, die einer Hochrisikogruppe angehören oder bei denen anhaltende oder schwere Symptome auftreten. Eine frühzeitige Erkennung und Diagnose kann das CMV-Infektionsmanagement und die Ergebnisse erheblich verbessern, potenzielle Komplikationen verhindern und die Gesundheit gefährdeter Bevölkerungsgruppen schützen.

Symptome in Verschiedenen Bevölkerungsgruppen

Das Zytomegalievirus (CMV) kann Menschen jeden Alters und jeder Bevölkerungsgruppe befallen. Allerdings können die Symptome und der Schweregrad der Infektion je nach Alter, Immunstatus und allgemeinem Gesundheitszustand der Person erheblich variieren. Das Verständnis, wie sich CMV in verschiedenen demografischen Gruppen präsentiert, ist für die Früherkennung, genaue Diagnose und angemessene Behandlung von entscheidender Bedeutung.

- **Neugeborene und Kleinkinder:**
  Angeborenes CMV, das auftritt, wenn das Virus während der Schwangerschaft von einer infizierten Mutter auf ihr ungeborenes Kind übertragen wird, kann verheerende Folgen für Neugeborene und Säuglinge haben. Zu den Symptomen können Frühgeburt, niedriges Geburtsgewicht, Gelbsucht, Hepatosplenomegalie (vergrößerte Leber und Milz), Petechienausschlag, Pneumonitis und neurologische Anomalien wie Mikrozephalie,

Gehirnverkalkungen und sensorineuraler Hörverlust gehören.

- **Kinder und Jugendliche:**
  Bei gesunden Kindern und Jugendlichen mit einem robusten Immunsystem verläuft die primäre CMV-Infektion oft asymptomatisch oder kann mit leichten, unspezifischen Symptomen wie Fieber, Müdigkeit, Halsschmerzen und geschwollenen Lymphknoten einhergehen. Bei einigen Kindern kann es jedoch zu einer Mononukleose-ähnlichen Erkrankung mit anhaltendem Fieber, extremer Müdigkeit und Hepatosplenomegalie kommen.

- **Gesunde Erwachsene:**
  Bei gesunden Erwachsenen mit einem leistungsfähigen Immunsystem kann eine primäre CMV-Infektion leichte grippeähnliche Symptome wie Fieber, Müdigkeit, Halsschmerzen und geschwollene Lymphknoten verursachen. Bei vielen Menschen treten jedoch möglicherweise keine Symptome auf oder sie führen die milden

Symptome auf andere häufige Viruserkrankungen zurück.

- **Schwangere Frau:**
Bei schwangeren Frauen, die sich während der Schwangerschaft eine primäre CMV-Infektion zuziehen, kann das Virus möglicherweise die Plazenta passieren und den sich entwickelnden Fötus infizieren, was zu einer angeborenen CMV-Infektion führt. Während viele infizierte schwangere Frauen möglicherweise asymptomatisch sind oder nur leichte Symptome verspüren, können einige eine Mononukleose-ähnliche Erkrankung mit Fieber, Müdigkeit und geschwollenen Lymphknoten entwickeln.

- **Immungeschwächte Personen:**
Personen mit geschwächtem Immunsystem, wie z. B. Empfänger von Organtransplantaten, Krebspatienten, die sich einer Chemo- oder Strahlentherapie unterziehen, und Menschen mit HIV/AIDS, haben ein erhöhtes Risiko für schwere CMV-Infektionen. Die Symptome können je

nach betroffenem Organsystem variieren; Dazu können jedoch Lungenentzündung, Magen-Darm-Erkrankungen, Retinitis (die möglicherweise zu Sehverlust führt), Hepatitis und Enzephalitis gehören.

- **Ältere Erwachsene:**
  Bei älteren Erwachsenen, insbesondere solchen mit Vorerkrankungen oder geschwächtem Immunsystem, kann eine CMV-Infektion schwerwiegendere Symptome und Komplikationen wie Lungenentzündung, Gastroenteritis und neurologische Probleme verursachen. Die Reaktivierung einer latenten CMV-Infektion in dieser Population kann ebenfalls zur Gebrechlichkeit beitragen und bestehende Gesundheitsprobleme verschlimmern.

Durch das Verständnis der unterschiedlichen Erscheinungsformen von CMV-Symptomen in verschiedenen Bevölkerungsgruppen können medizinische Fachkräfte potenzielle Infektionen besser erkennen, geeignete diagnostische Tests einleiten und zeitnahe Behandlungs- und

Managementstrategien anbieten, die auf das Alter, den Immunstatus und den allgemeinen Gesundheitszustand des Einzelnen zugeschnitten sind.

Wann Sie einen Arzt Aufsuchen Sollten

Während Infektionen mit dem Zytomegalievirus (CMV) bei gesunden Menschen häufig asymptomatisch verlaufen oder nur leichte, grippeähnliche Symptome verursachen, gibt es bestimmte Situationen, in denen eine sofortige ärztliche Behandlung von entscheidender Bedeutung ist. Das Erkennen dieser Umstände kann dazu beitragen, Komplikationen vorzubeugen und ein angemessenes Infektionsmanagement sicherzustellen, insbesondere bei Hochrisikogruppen.

- **Längere oder schwere Symptome:** Angenommen, bei Ihnen treten Symptome wie hohes Fieber, extreme Müdigkeit, starke Kopfschmerzen, anhaltende Muskelschmerzen und geschwollene Lymphknoten auf, die länger als ein oder zwei

Wochen anhalten. In diesem Fall sollten Sie einen Arzt konsultieren. Diese Symptome könnten auf eine schwerere CMV-Infektion oder Komplikationen hinweisen, insbesondere bei Personen mit geschwächtem Immunsystem.

- **Symptome bei Neugeborenen und Säuglingen:**
  Jegliche Anzeichen einer Krankheit bei Neugeborenen oder Säuglingen, wie z. B. schlechte Ernährung, Gelbsucht, Hautausschlag oder neurologische Anomalien, sollten eine sofortige ärztliche Untersuchung erforderlich machen. Angeborenes CMV kann schwerwiegende Folgen für das sich entwickelnde Kind haben. Eine frühzeitige Diagnose und Behandlung sind unerlässlich, um die möglichen Auswirkungen zu minimieren.

- **Schwangerschaft:**
  Wenn Sie schwanger sind und vermuten, dass Sie sich mit CMV infiziert haben könnten, ist es wichtig, umgehend einen Arzt

aufzusuchen. Ihr Arzt kann geeignete Tests anordnen, um die Infektion zu bestätigen, und Ihnen Ratschläge zum Umgang mit potenziellen Risiken für Ihr ungeborenes Kind geben, einschließlich der Überwachung auf angeborenes CMV und der Besprechung verfügbarer Behandlungsoptionen.

- **Immungeschwächte Personen:**
  Personen mit geschwächtem Immunsystem, wie Empfänger von Organtransplantaten, Krebspatienten, die sich einer Chemo- oder Strahlentherapie unterziehen, und Menschen mit HIV/AIDS, sollten bei den ersten Anzeichen CMV-bedingter Symptome einen Arzt aufsuchen. Dazu können Fieber, Husten, Kurzatmigkeit, Sehstörungen oder neurologische Symptome gehören. CMV kann bei immungeschwächten Personen schwere Komplikationen verursachen.

- **Anhaltende oder sich verschlimmernde Symptome nach der Behandlung:**
  Angenommen, bei Ihnen wurde CMV diagnostiziert und Sie haben mit der

Behandlung begonnen, aber Ihre Symptome bleiben trotz angemessener Behandlung bestehen oder verschlimmern sich. In diesem Fall ist es wichtig, Ihren Arzt zu konsultieren. Dies könnte darauf hindeuten, dass eine Anpassung der Behandlung oder eine weitere Untersuchung möglicher Komplikationen erforderlich ist.

- **Bedenken oder Unsicherheit:**
  Auch wenn die Symptome mild oder unspezifisch erscheinen, ist es immer besser, einen Arzt aufzusuchen, wenn Sie Bedenken oder Unsicherheiten hinsichtlich der Möglichkeit einer CMV-Infektion haben. Sie können Ihnen Ratschläge geben, geeignete Tests anordnen und auf alle Fragen oder Bedenken eingehen, die Sie im Zusammenhang mit der Infektion haben.

Wenn Betroffene in diesen Situationen umgehend ärztliche Hilfe in Anspruch nehmen, können sie eine rechtzeitige Diagnose, eine angemessene Behandlung und Anleitung zum Umgang mit den potenziellen Risiken und Komplikationen im

Zusammenhang mit einer CMV-Infektion erhalten. Frühzeitiges Eingreifen und ordnungsgemäße Behandlung sind entscheidend für den Schutz der Gesundheit und des Wohlbefindens der Betroffenen, insbesondere gefährdeter Bevölkerungsgruppen wie Neugeborene, schwangere Frauen und Personen mit geschwächtem Immunsystem.

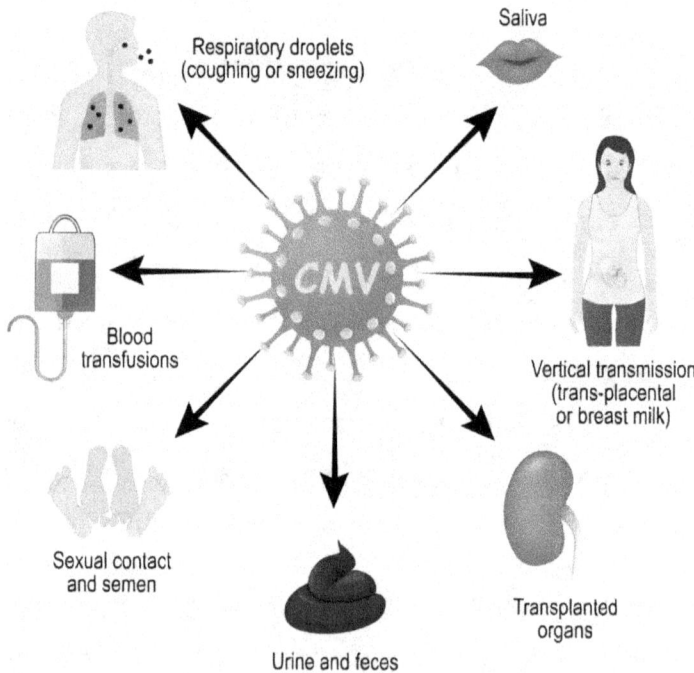

Kapitel 4

DIAGNOSE UND TEST

Labortests für CMV

Eine genaue Diagnose einer Zytomegalievirus (CMV)-Infektion ist für eine wirksame Behandlung und Behandlung unerlässlich, insbesondere in Hochrisikopopulationen. Es stehen mehrere Labortests zur Verfügung, um das Vorhandensein des Virus festzustellen, die Immunantwort des Körpers zu messen und das Stadium und die Schwere der Infektion zu bestimmen.

- **Viruskultur:**
  Die Viruskultur ist eine traditionelle Diagnosemethode, bei der das Virus aus einer Probe von Körperflüssigkeiten wie Blut, Urin

oder Atemwegssekreten gezüchtet wird. Obwohl diese Methode sehr spezifisch ist, ist sie zeitaufwändig und es kann mehrere Wochen dauern, bis Ergebnisse vorliegen. Die Viruskultur wird typischerweise zur Diagnose von angeborenem CMV bei Neugeborenen oder zur Überwachung des Fortschreitens einer CMV-Infektion bei immungeschwächten Personen verwendet.

- **Polymerase-Kettenreaktionstest (PCR):** PCR-Tests sind eine hochempfindliche und spezifische molekulare Diagnosetechnik, mit der das Vorhandensein von CMV-DNA oder -RNA in verschiedenen Körperflüssigkeiten, einschließlich Blut, Urin und Liquor, nachgewiesen werden kann. Dieser Test ist besonders nützlich für die Diagnose aktiver CMV-Infektionen, die Überwachung der Viruslast und die Beurteilung der Wirksamkeit einer antiviralen Behandlung.

- **Serologische Tests:** Serologische Tests wie Enzymimmunoassays (ELISA) oder Immunfluoreszenztests weisen das Vorhandensein von Antikörpern gegen CMV im Blut des Patienten nach. Mithilfe dieser Tests kann festgestellt werden, ob eine Person zuvor dem Virus ausgesetzt war, und sie können bei der Diagnose primärer oder reaktivierter CMV-Infektionen hilfreich sein.

- **Antigenämie-Assay:**
Der Antigenämietest ist ein spezieller Test, der das Vorhandensein von CMV-Antigenen im Blut des Patienten nachweist. Dieser Test wird häufig verwendet, um die Viruslast zu überwachen und das Risiko einer CMV-Erkrankung bei immungeschwächten Patienten, wie z. B. Empfängern von Organtransplantaten oder Personen, die eine Chemotherapie erhalten, einzuschätzen.

- **Histopathologie und Immunhistochemie:**
In einigen Fällen können Gewebebiopsien durchgeführt und die Proben unter einem Mikroskop auf das Vorhandensein charakteristischer Zytomegaliezellen oder viraler Antigene untersucht werden.

Histopathologische und immunhistochemische Analysen können wertvolle Informationen über die Beteiligung bestimmter Organe oder Gewebe an der CMV-Infektion liefern.

Die Wahl des diagnostischen Tests hängt von verschiedenen Faktoren ab, darunter dem Alter des Patienten, dem Immunstatus, dem klinischen Erscheinungsbild und dem vermuteten Stadium der Infektion. In vielen Fällen kann eine Kombination von Tests verwendet werden, um die CMV-Infektion zu verstehen und umfassende Entscheidungen zur geeigneten Behandlung zu treffen.

Eine genaue Diagnose ist entscheidend für die Einleitung schneller und wirksamer Behandlungsstrategien, den Schutz von Personen mit hohem Risiko und die Vermeidung potenzieller Komplikationen im Zusammenhang mit einer CMV-Infektion.

Bildgebung und Andere Diagnosetools

Während Labortests die wichtigsten diagnostischen Instrumente zur Erkennung und Überwachung von

Infektionen mit dem Cytomegalievirus (CMV) sind, können verschiedene bildgebende Verfahren und andere diagnostische Methoden wertvolle Informationen über das Ausmaß und die Auswirkungen des Virus auf verschiedene Organsysteme liefern.

- **Bildgebende Verfahren:**
  a. ***Computertomographie (CT)-Scans:*** CT-Scans können CMV-bedingte Organbeteiligungen wie Lungenentzündung, Hepatitis oder Anomalien des Zentralnervensystems (ZNS) erkennen. Mithilfe dieser detaillierten Bilder können Ort und Schwere der Infektion ermittelt werden.
  b. ***Magnetresonanztomographie (MRT):*** Die MRT ist besonders wertvoll bei der Beurteilung CMV-bedingter neurologischer Komplikationen wie Enzephalitis oder Hirnläsionen. Es kann hochauflösende Bilder des Gehirns und des

Rückenmarks liefern und so bei der Diagnose und Überwachung CMV-bedingter neurologischer Manifestationen helfen.

c. *Ultraschall:* Die pränatale Ultraschalluntersuchung kann eine entscheidende Rolle bei der Erkennung von Anzeichen einer angeborenen CMV-Infektion in der Gebärmutter spielen, wie z. B. einer Wachstumsbeschränkung des Fötus, Gehirnverkalkungen oder Anomalien in der Organentwicklung.

d. *Fundoskopische Untersuchung:* Bei Personen, bei denen das Risiko einer CMV-bedingten Retinitis besteht, kann eine fundoskopische Untersuchung dabei helfen, durch das Virus verursachte Anomalien oder Läsionen in der Netzhaut zu erkennen und zu überwachen.

- **Ophthalmologische Untersuchung:** Umfassende augenärztliche Untersuchungen, einschließlich Sehschärfetests,

Spaltlampenuntersuchung und Fundoskopie, sind für die Diagnose und Überwachung CMV-bedingter Augenerkrankungen wie Retinitis oder Optikusneuritis unerlässlich. Diese Untersuchungen können dazu beitragen, frühe Anzeichen einer Sehbehinderung zu erkennen und eine geeignete Behandlung anzuleiten.

- **Hörtest:**
  Höruntersuchungen, einschließlich Tests der auditorischen Hirnstammreaktion (ABR) und otoakustischer Emissionen (OAE), sind für die Diagnose und Überwachung von Innenohrschwerhörigkeit im Zusammenhang mit angeborenen CMV-Infektionen von entscheidender Bedeutung. Früherkennung und Intervention sind von entscheidender Bedeutung, um die Auswirkungen auf die Sprech- und Sprachentwicklung betroffener Säuglinge zu minimieren.

- **Entwicklungs- und neurologische Beurteilungen:**
Bei Säuglingen und Kindern mit angeborenem CMV oder CMV-bedingten neurologischen Komplikationen sind regelmäßige Entwicklungs- und neurologische Untersuchungen unerlässlich. Diese Auswertungen können dabei helfen, etwaige Verzögerungen oder Beeinträchtigungen kognitiver, motorischer oder sensorischer Funktionen zu erkennen und zu verfolgen, was eine frühzeitige Intervention und Unterstützungsstrategien ermöglicht.

- **Invasive Verfahren:**
In bestimmten Fällen können invasive Diagnoseverfahren wie Gewebebiopsien oder Lumbalpunktionen erforderlich sein, um Proben für Labortests zu gewinnen oder die Beteiligung bestimmter Organe oder Gewebe an der CMV-Infektion zu beurteilen.

Die Integration von bildgebenden Verfahren, speziellen Auswertungen und anderen Diagnosetools mit Labortests bietet einen umfassenden Ansatz zur Diagnose und Überwachung von CMV-Infektionen. Dieser multidisziplinäre Ansatz ist besonders wichtig bei Hochrisikopopulationen wie Neugeborenen, schwangeren Frauen und immungeschwächten Personen, bei denen eine frühzeitige Erkennung und genaue Bewertung der Auswirkungen der Infektion für eine optimale Behandlung und Prävention potenzieller Komplikationen von entscheidender Bedeutung sind.

Testergebnisse Interpretieren

Die Interpretation der Ergebnisse diagnostischer Tests auf das Zytomegalievirus (CMV) erfordert eine sorgfältige Berücksichtigung verschiedener Faktoren, da die Interpretation je nach Alter, Immunstatus und klinischem Erscheinungsbild des Patienten variieren kann. Das Verständnis der Nuancen der Interpretation von Testergebnissen ist für eine genaue Diagnose, angemessene Behandlungsentscheidungen und eine wirksame Behandlung von CMV-Infektionen von entscheidender Bedeutung.

- **Viruskultur und PCR-Tests:**
  a. Eine positive Viruskultur oder ein PCR-Test bestätigt das Vorliegen einer aktiven CMV-Infektion.
  b. Bei immunkompetenten Personen kann ein positives Ergebnis auf eine Primärinfektion oder die Reaktivierung einer latenten Infektion hinweisen.
  c. Ein positives Ergebnis bei immungeschwächten Patienten kann auf eine aktive und möglicherweise schwere CMV-Infektion hinweisen, die eine sofortige Behandlung erfordert.
  d. Quantitative PCR-Tests können Informationen über die Viruslast liefern, die dabei helfen können, den Schweregrad der Infektion einzuschätzen und das Ansprechen auf die Behandlung zu überwachen.

- **Serologische Tests:**
  a. CMV-spezifische Immunglobulin M (IgM)-Antikörper deuten auf eine

kürzliche oder primäre CMV-Infektion hin.

b. CMV-spezifische Immunglobulin G (IgG)-Antikörper weisen auf eine frühere Infektion oder einen Kontakt mit dem Virus hin.

c. Bei immunkompetenten Personen können IgG-Antikörper allein auf eine latente oder reaktivierte Infektion hinweisen.

d. Bei immungeschwächten Patienten kann das Fehlen von IgG-Antikörpern auf ein höheres Risiko einer schweren CMV-Erkrankung hinweisen.

- **Antigenämie-Assay:**

a. Dieser Test wird hauptsächlich zur Überwachung einer CMV-Infektion bei immungeschwächten Patienten verwendet, beispielsweise bei Empfängern von Organtransplantaten oder Personen, die eine Chemotherapie erhalten.

b. Ein hoher Antigenämiespiegel ist mit einem erhöhten Risiko einer

CMV-Erkrankung verbunden und kann eine präventive oder therapeutische antivirale Behandlung erfordern.

c. Serielle Antigenämietests können dabei helfen, die Wirksamkeit einer antiviralen Therapie zu beurteilen und Behandlungsentscheidungen zu treffen.

- **Histopathologie und Immunhistochemie:**

    a. Das Vorhandensein charakteristischer Zytomegaliezellen oder viraler Antigene in Gewebeproben kann eine CMV-Beteiligung in bestimmten Organen oder Geweben bestätigen.

    b. In Kombination mit dem klinischen Erscheinungsbild können diese Ergebnisse bei der Diagnose von CMV-bedingten Erkrankungen wie Pneumonitis, Hepatitis oder Enzephalitis hilfreich sein.

Bei der Interpretation der CMV-Testergebnisse ist es wichtig, das gesamte klinische Bild des Patienten zu berücksichtigen, einschließlich Symptomen, Immunstatus und potenziellen Risikofaktoren. Darüber hinaus sollten sich medizinische Fachkräfte der Einschränkungen und der Möglichkeit falsch positiver oder falsch negativer Ergebnisse bei bestimmten Tests sowie der Möglichkeit einer Kreuzreaktivität mit anderen Viren bewusst sein.

In vielen Fällen kann eine Kombination verschiedener diagnostischer Tests erforderlich sein, um die CMV-Infektion zu verstehen und fundierte Behandlungsentscheidungen umfassend zu treffen. Eine enge Zusammenarbeit zwischen Gesundheitsdienstleistern, Laborfachleuten und Spezialisten für Infektionskrankheiten ist für eine genaue Testinterpretation und eine optimale Behandlung von CMV-Infektionen, insbesondere in Hochrisikopopulationen, von entscheidender Bedeutung.

Kapitel 5

BEHANDLUNGSSTRATEGIEN

Antivirale Medikamente

Antivirale Medikamente spielen eine entscheidende Rolle bei der Behandlung und Behandlung von Cytomegalovirus (CMV)-Infektionen, insbesondere bei Hochrisikogruppen wie Personen mit geschwächtem Immunsystem, Neugeborenen mit angeborenem CMV und schwangeren Frauen mit primären CMV-Infektionen während der Schwangerschaft.

Die folgenden antiviralen Medikamente werden üblicherweise zur Behandlung von CMV-Infektionen eingesetzt:

- **Ganciclovir:**
  Ganciclovir ist ein nukleosidanaloges antivirales Medikament, das häufig als primäre Behandlung von CMV-Infektionen eingesetzt wird. Es wirkt, indem es die virale DNA-Polymerase hemmt und so die Replikation des Virus verhindert. Ganciclovir kann intravenös oder oral (als Prodrug Valganciclovir) verabreicht werden.

- **Valganciclovir:**
  Valganciclovir ist ein orales Prodrug, das im Körper zu Ganciclovir verstoffwechselt wird. Es stellt eine bequeme orale Behandlungsoption für bestimmte CMV-Infektionen dar und wird häufig zur Behandlung und Vorbeugung von CMV-Erkrankungen bei Empfängern solider Organ- und Knochenmarktransplantate eingesetzt.

- **Foscarnet:**
  Foscarnet ist ein Pyrophosphat-analoges antivirales Medikament, das die virale DNA-Polymerase hemmt und die

Transkriptase umkehrt, wodurch die Virusreplikation verhindert wird. Es wird in erster Linie als Zweitlinientherapie bei CMV-Infektionen eingesetzt, wenn sich eine Resistenz gegen Ganciclovir oder Valganciclovir entwickelt hat oder wenn diese Arzneimittel aufgrund von Nebenwirkungen oder Bedenken hinsichtlich der Toxizität kontraindiziert sind.

- **Cidofovir:**
  Cidofovir ist ein antivirales Nukleotidanalogon, das die virale DNA-Polymerase hemmt und dadurch die Synthese und Replikation viraler DNA verhindert. Es wird hauptsächlich als Behandlungsoption der dritten Wahl für CMV-Retinitis bei AIDS-Patienten oder für andere resistente oder refraktäre CMV-Infektionen eingesetzt.

- **Letermovir:**
  Letermovir ist ein neueres antivirales Medikament, das den viralen Terminasekomplex hemmt, der für die

Verpackung und Replikation viraler DNA unerlässlich ist. Es ist für die Prophylaxe (Prävention) von CMV-Infektionen und -Erkrankungen bei erwachsenen CMV-seropositiven Empfängern einer allogenen hämatopoetischen Stammzelltransplantation zugelassen.

Die Wahl des antiviralen Medikaments, die Dosierung und die Dauer der Behandlung hängen von verschiedenen Faktoren ab, darunter dem Alter des Patienten, dem Immunstatus, der Organbeteiligung und der Schwere der CMV-Infektion. In einigen Fällen kann eine Kombination antiviraler Medikamente die Wirksamkeit der Behandlung verbessern oder potenzielle Medikamentenresistenzen überwinden.

Es ist wichtig zu beachten, dass antivirale Medikamente erhebliche Nebenwirkungen und Toxizitäten haben können, insbesondere bei längerer Anwendung oder bei immungeschwächten Patienten. Eine engmaschige Überwachung durch medizinisches Fachpersonal ist unerlässlich, um die sichere und wirksame Anwendung dieser

Medikamente zu gewährleisten und eventuell auftretende Nebenwirkungen zu bewältigen.

Eine antivirale Therapie ist in Verbindung mit einer angemessenen unterstützenden Pflege und Behandlung der Grunderkrankungen von entscheidender Bedeutung für die Kontrolle von CMV-Infektionen, die Verringerung des Risikos schwerer Komplikationen und die Verbesserung der klinischen Ergebnisse, insbesondere in Hochrisikopopulationen.

Unterstützende Pflege Optionen

Während antivirale Medikamente den Eckpfeiler der Behandlung von Cytomegalievirus-Infektionen (CMV) darstellen, spielen unterstützende Pflegemaßnahmen eine entscheidende Rolle bei der Bewältigung der Symptome, Komplikationen und des allgemeinen Wohlbefindens von Patienten, insbesondere bei Patienten in Hochrisikogruppen oder mit schweren Infektionen.

- **Flüssigkeitszufuhr und Ernährungsunterstützung:**
  CMV-Infektionen können zu erheblicher

Müdigkeit, Appetitlosigkeit und Magen-Darm-Störungen führen, was zu Dehydrierung und Unterernährung führen kann. In schweren Fällen kann es notwendig sein, eine ausreichende Flüssigkeitszufuhr durch intravenöse Flüssigkeiten oder orale Rehydrierungslösungen sicherzustellen und eine Ernährungsunterstützung durch enterale oder parenterale Ernährung bereitzustellen, um die allgemeine Gesundheit zu erhalten und die Fähigkeit des Körpers zur Bekämpfung der Infektion zu unterstützen.

• **Management organspezifischer Komplikationen:** Abhängig von den von der CMV-Infektion betroffenen Organsystemen können verschiedene unterstützende Pflegemaßnahmen erforderlich sein. Beispielsweise kann bei einer CMV-Pneumonie eine Sauerstofftherapie oder mechanische Beatmung erforderlich sein, um die Atemfunktion zu unterstützen. Bei einer CMV-Retinitis können augenärztliche Eingriffe wie intravitreale Injektionen antiviraler Medikamente oder eine Vitrektomie erforderlich sein, um das Sehvermögen zu erhalten.

- **Schmerztherapie:** CMV-Infektionen können erhebliche Beschwerden und Schmerzen verursachen, insbesondere bei Organbeteiligung oder Komplikationen. Geeignete Strategien zur Schmerzbehandlung, einschließlich der Verwendung von Analgetika und anderen schmerzlindernden Maßnahmen, können die Lebensqualität des Patienten verbessern und die Genesung erleichtern.

- **Maßnahmen zur Infektionskontrolle:** Die strikte Einhaltung von Protokollen zur Infektionskontrolle ist von entscheidender Bedeutung, um die Ausbreitung von CMV zu verhindern, insbesondere im Gesundheitswesen und bei Hochrisikopopulationen. Um das Übertragungsrisiko zu minimieren, können Maßnahmen wie eine ordnungsgemäße Händehygiene, die Verwendung persönlicher

Schutzausrüstung (PSA) und Isolationsmaßnahmen erforderlich sein.

- **Rehabilitation und unterstützende Therapien:** Für Patienten, bei denen infolge einer CMV-Infektion langfristige Komplikationen oder Behinderungen wie Hörverlust, Sehstörungen oder Entwicklungsverzögerungen auftreten, können Rehabilitation und unterstützende Therapien eine entscheidende Rolle bei der Verbesserung der Lebensqualität und der Förderung der funktionellen Wiederherstellung spielen. Dazu können Logopädie, Physiotherapie, Ergotherapie und pädagogische Interventionen gehören.

- **Psychosoziale Unterstützung:** Die Auswirkungen von CMV-Infektionen, insbesondere bei angeborenem CMV oder schweren Komplikationen, können für Patienten und ihre Familien emotional und psychisch überwältigend sein. Der Zugang zu Beratung, Selbsthilfegruppen und psychiatrischen Diensten kann Einzelpersonen dabei helfen, mit den

Herausforderungen und Belastungen der Erkrankung umzugehen.

Unterstützende Pflegemaßnahmen sollten auf die Bedürfnisse des einzelnen Patienten zugeschnitten und in einen umfassenden Behandlungsplan integriert werden, der die zugrunde liegende CMV-Infektion, mögliche Komplikationen und damit verbundene Herausforderungen berücksichtigt. Durch die Kombination einer antiviralen Therapie mit geeigneten unterstützenden Pflegestrategien können medizinische Fachkräfte die klinischen Ergebnisse optimieren, die Auswirkungen der Infektion minimieren und das allgemeine Wohlbefinden der von CMV betroffenen Patienten verbessern.

Neue Therapien

Während derzeit verfügbare antivirale Medikamente und unterstützende Pflegemaßnahmen das Infektionsmanagement mit dem Zytomegalievirus (CMV) erheblich verbessert haben, konzentrieren sich die laufenden Forschungsbemühungen auf die Entwicklung neuer und innovativer Therapien, um die Herausforderungen des hartnäckigen Virus weiter anzugehen. Derzeit werden mehrere vielversprechende neue Therapien untersucht, die potenzielle Fortschritte bei der Behandlung und Prävention von CMV-bedingten Krankheiten bieten.

- **Neuartige antivirale Wirkstoffe:**
  Forscher erforschen aktiv neue antivirale Verbindungen mit unterschiedlichen Wirkmechanismen zur Bekämpfung von CMV-Infektionen, insbesondere in Fällen von Arzneimittelresistenz oder Behandlungsversagen mit vorhandenen antiviralen Mitteln. Zu den untersuchten neuartigen antiviralen Wirkstoffen gehören:

  a. **Maribavir:** Ein antivirales Benzimidazol, das die virale Proteinkinase UL97 hemmt und dadurch die Virusreplikation stört. Maribavir hat sich bei der Behandlung arzneimittelresistenter CMV-Infektionen als vielversprechend erwiesen und befindet sich derzeit in klinischen Studien.

b. **Brincidofovir:** Ein Lipid-konjugiertes Nukleotidanalogon, das die virale DNA-Synthese hemmt. Brincidofovir hat Potenzial bei der Behandlung von CMV-Infektionen bei Empfängern von hämatopoetischen Stammzelltransplantaten gezeigt und wird für verschiedene Indikationen, einschließlich der Behandlung von Adenovirus-Infektionen, evaluiert.

- **Immuntherapeutische Ansätze:**
Die Nutzung der Kraft des Immunsystems zur Bekämpfung von CMV-Infektionen ist ein Bereich aktiver Forschung. Zu den untersuchten immuntherapeutischen Strategien gehören:

a. **CMV-spezifische T-Zelltherapien:** Dabei werden CMV-spezifische T-Zellen vom Patienten oder Spender isoliert, vermehrt und infundiert, um die Immunantwort gegen das Virus zu verstärken. Klinische Studien haben vielversprechende Ergebnisse bei der

Vorbeugung und Behandlung von CMV-Infektionen bei immungeschwächten Patienten gezeigt.

b. **Monoklonale Antikörper:** Monoklonale Antikörper, die auf bestimmte CMV-Proteine oder -Antigene abzielen, werden als potenzielle Immuntherapeutika untersucht. Diese Antikörper könnten das Virus neutralisieren, den Eintritt in Wirtszellen blockieren oder die Immunantwort gegen CMV verstärken.

- **Gentherapie und genetische Ansätze:** Neue Gentechnologien wie Genbearbeitung und RNA-Interferenz (RNAi) werden als potenzielle Strategien zur gezielten Bekämpfung und Bekämpfung von CMV-Infektionen auf molekularer Ebene untersucht. Diese Ansätze zielen darauf ab, zelluläre Signalwege oder virale Gene zu manipulieren, um die Virusreplikation zu hemmen oder die antivirale Abwehr des Wirts zu stärken.

Während sich viele dieser neuen Therapien noch in einem frühen Stadium der Entwicklung und klinischen Erprobung befinden, stellen sie vielversprechende Möglichkeiten zur Verbesserung des Managements und der Prävention von CMV-Infektionen dar, insbesondere in Hochrisikopopulationen und Fällen, in denen die aktuellen Behandlungsmöglichkeiten begrenzt oder unwirksam sind.

Kontinuierliche Forschung, Zusammenarbeit und Investitionen in diese innovativen Ansätze sind entscheidend für die Weiterentwicklung unseres Verständnisses und unserer Fähigkeit, diese anhaltende virale Bedrohung zu bekämpfen.

Kapitel 6

LEBEN MIT CMV

Tägliches Management von CMV

Für Personen, die mit Cytomegalovirus (CMV)-Infektionen leben, insbesondere solche, die zu Hochrisikogruppen gehören oder unter chronischen oder wiederkehrenden Symptomen leiden, ist die Umsetzung wirksamer täglicher Behandlungsstrategien von entscheidender Bedeutung, um die allgemeine Gesundheit zu erhalten, das Risiko von Komplikationen zu verringern und die Lebensqualität zu verbessern. Während der spezifische Behandlungsansatz je nach Alter, Immunstatus und Schweregrad der Infektion variieren kann, sollten mehrere wichtige Aspekte berücksichtigt werden.

- **Einhaltung von Behandlungsplänen:** Für den erfolgreichen Umgang mit CMV-Infektionen ist die strikte Einhaltung der verschriebenen antiviralen Medikamentenpläne unerlässlich. Patienten sollten ihre Medikamente wie verordnet einnehmen, ohne Dosen auszulassen oder die Dosierung zu ändern, ohne ihren Arzt zu konsultieren. Die Aufrechterhaltung einer konsequenten Behandlung kann dazu beitragen, die Virusreplikation zu kontrollieren, das Risiko von Komplikationen zu verringern und die Entwicklung von Arzneimittelresistenzen zu verhindern.

- **Überwachung und Meldung von Symptomen:** Personen, die mit CMV-Infektionen leben, sollten ihre Symptome aufmerksam überwachen und alle Änderungen oder neuen Bedenken umgehend ihrem Gesundheitsteam melden. Regelmäßige Kontrolluntersuchungen und Nachsorgetermine können Gesundheitsdienstleistern dabei helfen, die Wirksamkeit der Behandlung zu beurteilen, die Medikamentendosis bei Bedarf anzupassen und etwaige Komplikationen oder Nebenwirkungen umgehend zu beheben.

- **Gute Hygiene praktizieren:** Die Umsetzung guter Hygienepraktiken kann dazu beitragen, die Ausbreitung von CMV zu verhindern und das Risiko einer erneuten Infektion oder Reaktivierung zu verringern. Dazu gehören häufiges Händewaschen, das Abdecken von Husten und Niesen, das Vermeiden der gemeinsamen Nutzung persönlicher Gegenstände wie Utensilien oder Trinkbehälter und der sichere Umgang mit Körperflüssigkeiten.

- **Umgang mit Stress und Müdigkeit:** CMV-Infektionen können häufig zu erheblicher Müdigkeit und emotionalem Stress führen, insbesondere bei chronischen oder schweren Erkrankungen. Der Einsatz von Stressbewältigungstechniken wie Meditation, Yoga oder Beratung sowie die Priorisierung von Ruhe und Selbstfürsorge können Einzelpersonen dabei helfen, mit den physischen und emotionalen Anforderungen des Lebens mit CMV umzugehen.

- **Aufrechterhaltung einer ausgewogenen Ernährung:** Eine nährstoffreiche und ausgewogene Ernährung kann die allgemeine Gesundheit unterstützen und den Körper mit den Ressourcen versorgen, um Infektionen wirksam zu bekämpfen. Personen mit CMV sollten einen Ernährungsberater oder Gesundheitsdienstleister konsultieren, um einen Ernährungsplan zu entwickeln, der ihren Ernährungsbedürfnissen entspricht und Ernährungseinschränkungen oder -unverträglichkeiten berücksichtigt.

- **Aktiv bleiben:** Wie von Gesundheitsdienstleistern toleriert und empfohlen, kann regelmäßige körperliche Aktivität dazu beitragen, die allgemeine Fitness zu erhalten, Stress abzubauen und das Wohlbefinden zu fördern. Schonende Übungen wie Gehen, Schwimmen oder leichtes Yoga können Menschen mit CMV zugute kommen.

- **Aufbau eines Unterstützungssystems:**
Das Leben mit CMV kann sowohl körperlich
als auch emotional eine Herausforderung
sein. Der Aufbau eines starken
Unterstützungssystems durch Familie,
Freunde, Selbsthilfegruppen oder
Beratungsdienste kann eine wertvolle Quelle
der Ermutigung, des Verständnisses und der
praktischen Hilfe sein.

Durch die Integration dieser täglichen
Managementstrategien in ihre Routine können
Personen mit CMV aktiv an ihrer Pflege teilnehmen
und proaktive Maßnahmen ergreifen, um die
Auswirkungen der Infektion auf ihr allgemeines
Wohlbefinden zu minimieren. Eine enge
Zusammenarbeit mit medizinischem Fachpersonal
und eine offene Kommunikation über Bedenken
oder Herausforderungen sind unerlässlich, um den
Managementansatz an die individuellen Bedürfnisse
und Umstände jedes Einzelnen anzupassen.

Langfristige Überlegungen zur Gesundheit

Während Zytomegalievirus (CMV)-Infektionen oft selbstlimitierend sind und bei gesunden Personen ohne nennenswerte Komplikationen abklingen können, kann es bei bestimmten Bevölkerungsgruppen, einschließlich solchen mit geschwächtem Immunsystem, Neugeborenen mit angeborenem CMV und Personen mit schweren oder wiederkehrenden Infektionen, zu einer langfristigen Gesundheit kommen Überlegungen, die eine sorgfältige Überwachung und Verwaltung erfordern.

- **Chronische Organschäden:**
  In einigen Fällen können CMV-Infektionen zu chronischen oder fortschreitenden Schäden an verschiedenen Organen wie der Lunge, der Leber, dem Magen-Darm-Trakt oder den Augen führen. Regelmäßige Überwachung und Nachsorge durch medizinisches Fachpersonal sind unerlässlich, um die Organfunktion zu beurteilen, bestehende oder verbleibende Schäden zu erkennen und geeignete Interventionen oder Behandlungen

durchzuführen, um eine weitere Verschlechterung zu minimieren.

- **Neurologische Komplikationen:**
CMV-Infektionen, insbesondere angeborene CMV-Infektionen, können langfristige neurologische Auswirkungen haben, einschließlich Entwicklungsverzögerungen, geistiger Behinderung, Krampfanfällen sowie Hör- oder Sehstörungen. Personen, die von diesen Komplikationen betroffen sind, benötigen möglicherweise fortlaufende Spezialbehandlungen wie Logopädie, Ergotherapie oder pädagogische Unterstützungsdienste, um auf ihre spezifischen Bedürfnisse einzugehen und eine optimale Entwicklung und Lebensqualität zu fördern.

- **Sekundärinfektionen:**
CMV-Infektionen können das Immunsystem schwächen und das Risiko sekundärer bakterieller, Pilz- oder Virusinfektionen erhöhen. Personen mit chronischen oder wiederkehrenden CMV-Infektionen benötigen

möglicherweise eine regelmäßige Überwachung auf opportunistische Infektionen und geeignete prophylaktische oder therapeutische Interventionen, um diese Komplikationen zu verhindern oder zu behandeln.

- **Überwachung des Immunsystems:**
  Bei immungeschwächten Personen, etwa Organtransplantationsempfängern oder HIV/AIDS-Patienten, ist eine regelmäßige Überwachung der Funktion des Immunsystems von entscheidender Bedeutung. Dies kann regelmäßige Tests zur Beurteilung der Anzahl der Immunzellen, der Antikörperspiegel und der gesamten Immunkompetenz sowie bei Bedarf Anpassungen immunsuppressiver Therapien oder Behandlungsschemata umfassen.

- **Emotionale und psychologische Unterstützung:**
  Das Leben mit den Langzeitfolgen von CMV-Infektionen, insbesondere bei angeborenem CMV oder schweren

Komplikationen, kann für den Einzelnen und seine Familien eine emotionale und psychologische Belastung darstellen. Der Zugang zu psychiatrischen Diensten, Beratung und Selbsthilfegruppen kann von unschätzbarem Wert bei der Bewältigung der Herausforderungen, der Bewältigung von Stress und Ängsten und der Förderung des allgemeinen Wohlbefindens sein.

- **Änderungen des Lebensstils:**
  Abhängig von der Schwere und den Komplikationen der CMV-Infektion müssen Einzelpersonen möglicherweise langfristige Anpassungen ihres Lebensstils vornehmen, um ihren Gesundheitsbedürfnissen gerecht zu werden. Dazu kann die Änderung der Ernährungsgewohnheiten, die Implementierung von Techniken zur Stressbewältigung, die Ausübung angemessener körperlicher Aktivitäten oder die Durchführung von Umgebungsänderungen gehören, um die Zugänglichkeit zu verbessern oder die

Exposition gegenüber potenziellen Infektionsquellen zu verringern.

Eine wirksame langfristige Behandlung von CMV-Infektionen erfordert einen multidisziplinären Ansatz, an dem medizinisches Fachpersonal aus verschiedenen Fachgebieten beteiligt ist, beispielsweise Spezialisten für Infektionskrankheiten, Neurologen, Augenärzte und Fachkräfte für psychische Gesundheit.

Lebensstil Anpassungen und Bewältigungsstrategien

Das Leben mit Cytomegalovirus (CMV)-Infektionen, insbesondere bei Personen, die einer Hochrisikogruppe angehören oder bei denen chronische oder wiederkehrende Symptome auftreten, kann eine Anpassung des Lebensstils und wirksame Bewältigungsstrategien erfordern, um die mit der Erkrankung verbundenen körperlichen, emotionalen und praktischen Herausforderungen zu bewältigen.

- **Priorisierung von Ruhe und Energieeinsparung:** CMV-Infektionen können zu erheblicher Müdigkeit und Schwäche führen, weshalb es wichtig ist, Ruhe und Energieeinsparung zu priorisieren. Einzelpersonen müssen möglicherweise ihre täglichen Routinen anpassen, ihre Arbeitsbelastung reduzieren oder Aufgaben delegieren, um ihr Energieniveau effektiver zu verwalten. Regelmäßige Ruhephasen, Nickerchen oder Entspannungstechniken wie Meditation oder Atemübungen können helfen, Müdigkeit zu bekämpfen und das allgemeine Wohlbefinden zu fördern.

- **Anpassung der Ernährungsgewohnheiten:** Die Aufrechterhaltung einer ausgewogenen und nahrhaften Ernährung ist entscheidend für die allgemeine Gesundheit und die Fähigkeit des Körpers, Infektionen zu bekämpfen. Personen mit CMV müssen möglicherweise ihre Ernährungsgewohnheiten entsprechend ihren spezifischen Bedürfnissen und den damit verbundenen Komplikationen oder Nebenwirkungen der Behandlung ändern. Die Zusammenarbeit mit einem registrierten

Ernährungsberater oder Ernährungsberater kann dabei helfen, einen individuellen Ernährungsplan zu entwickeln, der auf spezifische Ernährungsbedürfnisse, Lebensmittelunverträglichkeiten oder diätetische Einschränkungen eingeht.

- **Gute Hygiene und Infektionskontrolle praktizieren:** Die Einhaltung strenger Hygienepraktiken und Maßnahmen zur Infektionskontrolle ist von entscheidender Bedeutung, um die Ausbreitung von CMV zu verhindern und das Risiko einer erneuten Infektion oder Reaktivierung zu verringern. Dazu gehören häufiges Händewaschen, das Vermeiden des Teilens persönlicher Gegenstände, der sichere Umgang mit Körperflüssigkeiten und das Befolgen zusätzlicher Vorsichtsmaßnahmen, die von medizinischem Fachpersonal empfohlen werden, insbesondere im Gesundheitswesen oder bei der Interaktion mit Personen mit hohem Risiko.

- **Stressmanagement und emotionale Unterstützung:** Das Leben mit CMV kann eine emotionale und psychologische Herausforderung sein, insbesondere wenn es um chronische Symptome, Komplikationen oder die Auswirkungen auf das tägliche Leben geht. Der Einsatz von Stressbewältigungstechniken wie Achtsamkeitsübungen, Beratung oder der Beitritt zu Selbsthilfegruppen kann Einzelpersonen dabei helfen, mit den emotionalen Anforderungen der Erkrankung umzugehen und ein Gefühl der Verbundenheit und des Verständnisses zu fördern.

- **Sich körperlich betätigen:** Wie von Gesundheitsdienstleistern toleriert und empfohlen, kann regelmäßige, schonende körperliche Aktivität dazu beitragen, die allgemeine Fitness zu erhalten, Stress abzubauen und das Wohlbefinden zu fördern. Aktivitäten wie Gehen, Schwimmen oder sanftes Yoga können Menschen mit CMV zugute kommen, sofern sie auf die individuellen Fähigkeiten und Einschränkungen zugeschnitten sind.

- **Aufbau eines Support-Netzwerks:** Der Aufbau eines starken Unterstützungsnetzwerks kann für Menschen mit CMV von unschätzbarem Wert sein. Dieses Netzwerk kann Familienmitglieder, Freunde, Selbsthilfegruppen oder Online-Communities umfassen, die praktische Hilfe, emotionale Unterstützung und ein Gefühl des gemeinsamen Verständnisses bieten können.

- **Bleiben Sie informiert und setzen Sie sich für sich ein:** Sich über CMV, seine möglichen Komplikationen und die verfügbaren Behandlungen zu informieren, kann den Einzelnen in die Lage versetzen, fundierte Entscheidungen über seine Pflege zu treffen und sich wirksam für seine Bedürfnisse einzusetzen. Die Aufrechterhaltung einer offenen Kommunikation mit medizinischem Fachpersonal, das Stellen von Fragen und die aktive Beteiligung an Behandlungsentscheidungen können die

Gesamtergebnisse und die Lebensqualität verbessern.

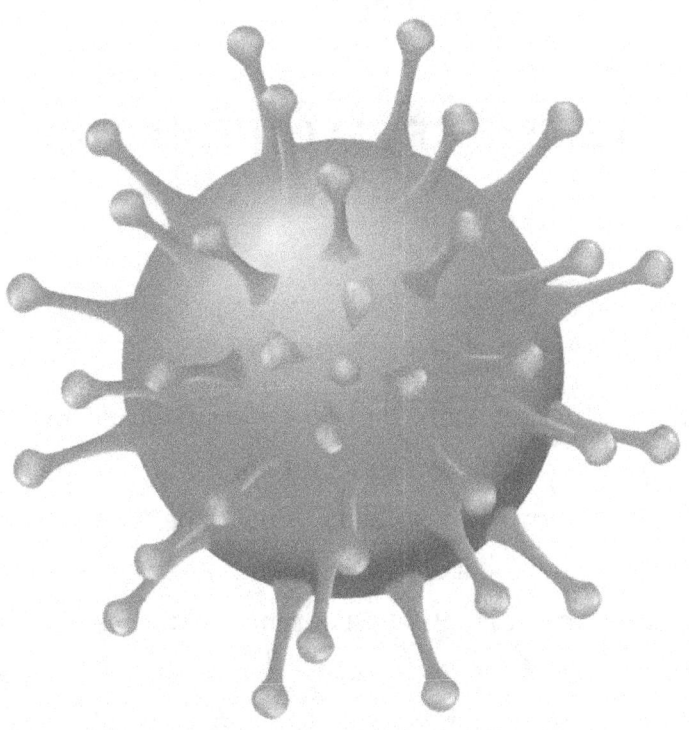

Kapitel 7

BESONDERE BEVÖLKERUNGEN

CMV in der Schwangerschaft

Eine Infektion mit dem Zytomegalievirus (CMV) während der Schwangerschaft stellt ein erhebliches Problem dar, da das Risiko einer Übertragung des Virus auf den sich entwickelnden Fötus besteht, eine Erkrankung, die als angeborenes CMV bezeichnet wird. Angeborenes CMV kann zu schweren angeborenen Behinderungen und langfristigen Behinderungen führen. Daher ist es für schwangere Frauen und ihre Gesundheitsdienstleister von entscheidender Bedeutung, sich der Risiken, vorbeugenden Maßnahmen und geeigneten Managementstrategien bewusst zu sein.

- **Risiken und Folgen:**
  - Eine primäre CMV-Infektion während der Schwangerschaft stellt mit Raten zwischen 30 und 40 % das höchste Risiko einer angeborenen Übertragung dar.
  - Angeborenes CMV kann zu einer Reihe angeborener Behinderungen führen, darunter Hörverlust, Sehstörungen, geistige Behinderungen, Krampfanfälle und Entwicklungsverzögerungen.
  - Die Schwere der Auswirkungen auf den Fötus hängt vom Zeitpunkt der Infektion während der Schwangerschaft ab, wobei Infektionen, die früher in der Schwangerschaft auftreten, im Allgemeinen mit schwerwiegenderen Folgen verbunden sind.

- **Vorsichtsmaßnahmen:**
  - Eine gute Hygiene, wie häufiges Händewaschen und das Vermeiden der gemeinsamen Nutzung von Utensilien oder Tassen, kann das Risiko einer

CMV-Infektion während der Schwangerschaft verringern.

○ Auch die Vermeidung von engem Kontakt mit kleinen Kindern, die eine häufige Quelle der CMV-Übertragung darstellen, kann zur Vorbeugung von Infektionen beitragen.

○ Mitarbeiter im Gesundheitswesen sollten strenge Protokolle zur Infektionskontrolle befolgen, um die berufliche Exposition gegenüber CMV zu minimieren.

- **Screening und Diagnose:**

  ○ Ein routinemäßiges Screening auf CMV während der Schwangerschaft wird nicht allgemein empfohlen, kann jedoch bei Frauen mit spezifischen Risikofaktoren oder in Gebieten mit hoher CMV-Prävalenz in Betracht gezogen werden.

  ○ Bei Verdacht auf eine primäre CMV-Infektion während der Schwangerschaft können diagnostische Tests wie Serologie (Test auf

CMV-spezifische Antikörper) oder PCR (Nachweis viraler DNA) durchgeführt werden.

- ○ Pränatale Ultraschalluntersuchungen und fetale MRT können zur Beurteilung möglicher angeborener Anomalien oder Anzeichen einer fetalen Infektion eingesetzt werden.

- **Management und Behandlung:**
  - ○ Wenn während der Schwangerschaft eine primäre CMV-Infektion bestätigt wird, wird eine engmaschige Überwachung des Fötus, einschließlich regelmäßiger Ultraschalluntersuchungen und fetaler Tests, empfohlen.
  - ○ Antivirale Medikamente wie Valganciclovir oder Ganciclovir können bei schwangeren Frauen mit primären CMV-Infektionen in Betracht gezogen werden, insbesondere bei fetaler Beteiligung oder schwerer mütterlicher Erkrankung.

- ○ Das Entbindungsmanagement, einschließlich der möglichen Notwendigkeit eines Kaiserschnitts, hängt von der Schwere der Infektion und dem Vorliegen fetaler Komplikationen ab.

- **Nachsorge:**
  - ○ Neugeborene mit angeborenem CMV benötigen möglicherweise eine spezielle Betreuung, einschließlich Hör- und Sehtests, Entwicklungsbewertungen und einer möglichen antiviralen Behandlung.
  - ○ Für Säuglinge, die von angeborenem CMV betroffen sind, können langfristige Nachsorge- und unterstützende Maßnahmen wie Frühinterventionsprogramme und Therapien erforderlich sein.

Eine wirksame Prävention, Früherkennung und angemessene Behandlung von CMV während der Schwangerschaft sind von entscheidender Bedeutung, um das Risiko einer angeborenen

Übertragung und das Potenzial für schwere angeborene Behinderungen und langfristige Behinderungen zu minimieren. Eine enge Zusammenarbeit zwischen schwangeren Frauen, Geburtshelfern und Gesundheitsteams ist unerlässlich, um die bestmöglichen Ergebnisse für Mutter und Kind zu gewährleisten.

CMV bei Immungeschwächten Personen

Personen mit geschwächtem Immunsystem, wie Empfänger von Organtransplantaten, Krebspatienten, die sich einer Chemo- oder Strahlentherapie unterziehen, und Menschen mit HIV/AIDS, haben ein deutlich höheres Risiko, schwere und lebensbedrohliche Komplikationen durch Infektionen mit dem Cytomegalievirus (CMV) zu entwickeln. In diesen Populationen kann CMV aus einem latenten Zustand reaktivieren oder eine Primärinfektion verursachen, was möglicherweise verheerende Folgen haben kann.

- **Risiken und Folgen:**
  - CMV ist eine der Hauptursachen für Virusinfektionen und Erkrankungen

bei immungeschwächten Personen und trägt zu erhöhten Morbiditäts- und Mortalitätsraten bei.

- Bei Empfängern solider Organtransplantate kann CMV zu Organabstoßung, Transplantatversagen und verschiedenen Endorganerkrankungen wie Lungenentzündung, Hepatitis und Magen-Darm-Erkrankungen führen.
- Bei Empfängern einer hämatopoetischen Stammzelltransplantation (HSCT) kann CMV zu schweren Komplikationen führen, darunter Lungenentzündung, Enteritis, Retinitis und einem erhöhten Risiko einer Graft-versus-Host-Krankheit (GVHD).
- Bei Personen mit HIV/AIDS kann CMV eine Retinitis verursachen, die zu Sehverlust führt, sowie andere schwere systemische Infektionen, die verschiedene Organe betreffen.

- **Präventive Strategien:**
  - Das Screening des CMV-Status (serologische Tests) vor einer Transplantation oder einer immunsuppressiven Therapie ist für die Risikostratifizierung und die Steuerung präventiver Strategien von entscheidender Bedeutung.
  - Hochrisikopatienten kann eine antivirale Prophylaxe mit Medikamenten wie Valganciclovir oder Ganciclovir verabreicht werden, um eine CMV-Reaktivierung oder -Erkrankung zu verhindern.
  - Strenge Maßnahmen zur Infektionskontrolle, wie Händehygiene, Isolationsmaßnahmen und ordnungsgemäßer Umgang mit Körperflüssigkeiten, sind unerlässlich, um die Übertragung von CMV im Gesundheitswesen zu verhindern.

- **Überwachung und Diagnose:**
  - Eine regelmäßige CMV-Reaktivierung oder Krankheitsüberwachung ist für

immungeschwächte Personen von entscheidender Bedeutung, typischerweise durch Viruslasttests (PCR) oder Antigenämietests.

○ Die frühzeitige Erkennung einer CMV-Infektion oder -Reaktivierung ist entscheidend für den sofortigen Beginn der Behandlung und die Vorbeugung von Endorganerkrankungen.

○ Diagnostische Verfahren wie Biopsien oder bildgebende Untersuchungen können erforderlich sein, um die CMV-Beteiligung an bestimmten Organen oder Geweben zu bestätigen.

- **Behandlung und Management:**

  ○ Antivirale Medikamente wie Ganciclovir, Valganciclovir, Foscarnet oder Cidofovir sind die Hauptstütze der Behandlung von CMV-Infektionen bei immungeschwächten Personen.

  ○ Die Wahl des antiviralen Mittels, die Dosierung und die Behandlungsdauer hängen von der Schwere der Infektion, dem Immunstatus des Patienten und

dem Vorliegen einer
Arzneimittelresistenz ab.

- Unterstützende Pflege wie
  Flüssigkeitszufuhr,
  Ernährungsunterstützung und die
  Behandlung organspezifischer
  Komplikationen sind für optimale
  Ergebnisse unerlässlich.
- In schweren oder refraktären Fällen
  können neuartige antivirale Wirkstoffe,
  Immuntherapien oder eine
  Kombination von
  Behandlungsmodalitäten in Betracht
  gezogen werden.

Eine wirksame Prävention, Früherkennung und
sofortige Behandlung von CMV-Infektionen bei
immungeschwächten Personen sind entscheidend,
um das Risiko schwerer Komplikationen zu
minimieren und die Gesamtergebnisse zu
verbessern. Eine enge Zusammenarbeit zwischen
Spezialisten für Infektionskrankheiten,
Transplantationsteams, Onkologen und anderen
medizinischen Fachkräften ist für eine optimale

Behandlung und Pflege dieser Hochrisikopatienten von entscheidender Bedeutung.

Pädiatrisches CMV

Infektionen mit dem Zytomegalievirus (CMV) bei Kindern können erhebliche Auswirkungen haben, insbesondere im Fall des angeborenen CMV, das auftritt, wenn das Virus während der Schwangerschaft von einer infizierten Mutter auf ihr ungeborenes Kind übertragen wird. Pädiatrisches CMV birgt auch Risiken für Kinder mit geschwächtem Immunsystem oder solche, die sich einer Organtransplantation unterziehen.

- **Angeborenes CMV:**
    - Angeborenes CMV ist eine der häufigsten angeborenen Infektionen und betrifft weltweit etwa 1 von 200 Neugeborenen.
    - Es kann zu einer Reihe angeborener und langfristiger Behinderungen führen, darunter Hörverlust, Sehbehinderung, geistige Behinderung,

Krampfanfälle und Entwicklungsverzögerungen.

- ○ Die Schwere der Auswirkungen auf den Fötus hängt vom Zeitpunkt der Infektion während der Schwangerschaft ab, wobei Infektionen, die früher in der Schwangerschaft auftreten, im Allgemeinen mit schwerwiegenderen Folgen verbunden sind.
- ○ Säuglinge mit symptomatischem angeborenem CMV können Merkmale wie petechiale Hautausschläge, Gelbsucht, Hepatosplenomegalie (vergrößerte Leber und Milz) und neurologische Anomalien aufweisen.

- **Erworbenes CMV bei Kindern:**
  - ○ Bei den meisten gesunden Kindern, die sich nach der Geburt mit CMV infizieren, treten keine oder nur leichte, grippeähnliche Symptome auf.
  - ○ Bei Kindern mit geschwächtem Immunsystem, beispielsweise bei Kindern, die sich einer Chemotherapie

oder einer Organtransplantation unterziehen, kann CMV jedoch schwere Komplikationen wie Lungenentzündung, Hepatitis und Magen-Darm-Erkrankungen verursachen.

- **Diagnose und Screening:**
  - Zu den Diagnosetests für angeborenes CMV können PCR-Tests von Speichel-, Urin- oder Blutproben des Neugeborenen sowie pränatale Tests während der Schwangerschaft (Serologie, PCR oder Ultraschall) gehören.
  - Ein Screening auf angeborenes CMV wird nicht allgemein empfohlen, kann jedoch in Hochrisikopopulationen oder Gebieten mit hoher CMV-Prävalenz in Betracht gezogen werden.
  - Bei Kindern mit erworbenen CMV-Infektionen können diagnostische Tests serologische Tests (auf Antikörper) oder PCR-Tests auf virale DNA umfassen.

- **Behandlung und Management:**
  - Antivirale Medikamente wie Ganciclovir oder Valganciclovir können Säuglingen mit symptomatischem angeborenem CMV oder schweren erworbenen CMV-Infektionen bei immungeschwächten Kindern verschrieben werden.
  - Unterstützende Maßnahmen wie Hör- und Sehtests, Entwicklungsbewertungen und frühzeitige Interventionstherapien (z. B. Sprache, Beruf, körperliche Betätigung) sind für Säuglinge mit angeborenem CMV von entscheidender Bedeutung.
  - Bei Kindern mit angeborenem CMV sind eine langfristige Nachsorge und Überwachung auf mögliche Spätkomplikationen wie Hörverlust oder Entwicklungsverzögerungen unerlässlich.

Eine enge Zusammenarbeit zwischen Kinderärzten, Geburtshelfern, Spezialisten für Infektionskrankheiten und anderen medizinischen Fachkräften ist unerlässlich, um die bestmöglichen Ergebnisse für betroffene Kinder und ihre Familien sicherzustellen.

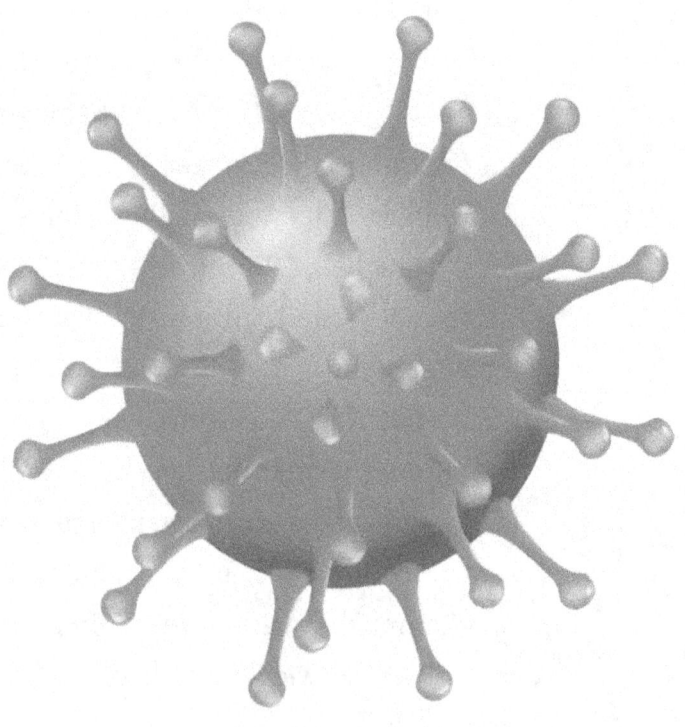

Kapitel 8

FORTSCHRITTE IN DER FORSCHUNG

Aktuelle Wissenschaftliche Entdeckungen

Auf dem Gebiet der Cytomegalievirus (CMV)-Forschung wurden in den letzten Jahren erhebliche Fortschritte erzielt, die durch das kontinuierliche Streben nach Verständnis dieses komplexen Virus und die Entwicklung wirksamerer Präventions-, Diagnose- und Behandlungsstrategien vorangetrieben wurden.

Diese wissenschaftlichen Entdeckungen haben Aufschluss über die Biologie, Pathogenese und Wirt-Virus-Interaktionen von CMV gegeben und den

Weg für potenzielle Durchbrüche bei der Bekämpfung dieser anhaltenden viralen Bedrohung geebnet.

- **Viruseintritt und Wirtszell Interaktionen:** Forscher haben Fortschritte bei der Aufklärung der komplizierten Mechanismen gemacht, durch die CMV in Wirtszellen eindringt und diese manipuliert. Diese Entdeckungen haben die viralen Eintrittsrezeptoren, die Rolle viraler Proteine bei der Übernahme zellulärer Signalwege und die Strategien enthüllt, die CMV anwendet, um der Immunabwehr des Wirts zu entgehen. Dieses Wissen hat Möglichkeiten für die Erforschung neuer therapeutischer Ziele und die Entwicklung von Interventionen eröffnet, die den viralen Lebenszyklus in verschiedenen Stadien stören können.

- **Immunantwort und virale Umgehungstaktiken:** Beim Verständnis des komplexen Zusammenspiels zwischen CMV und dem Immunsystem des Wirts wurden erhebliche Fortschritte erzielt.

Wissenschaftler haben wichtige virale Proteine und Mechanismen identifiziert, die es CMV ermöglichen, der Immunerkennung zu entgehen und Immunreaktionen zu unterdrücken. Diese Entdeckungen haben Einblicke in mögliche Strategien zur Verbesserung der Immunüberwachung und zur Entwicklung immuntherapeutischer Ansätze gegen CMV-Infektionen gegeben.

- **Genomik und molekulare Epidemiologie:** Fortschritte in der Genomtechnologie haben es Forschern ermöglicht, die genetische Vielfalt und Entwicklung von CMV-Stämmen zu untersuchen. Durch die Sequenzierung und Analyse der Genome verschiedener CMV-Isolate haben Wissenschaftler wertvolle Erkenntnisse über die genetische Variabilität des Virus, potenzielle Virulenzfaktoren und die Entstehung von Arzneimittelresistenzmutationen gewonnen. Dieses Wissen kann in die Entwicklung wirksamerer Diagnoseinstrumente, gezielter

Therapien und potenzieller Impfstoffkandidaten einfließen.

- **Entwicklung antiviraler Medikamente:** Die Suche nach neuartigen antiviralen Wirkstoffen gegen CMV hat sich intensiviert, angetrieben durch die Notwendigkeit, Arzneimittelresistenzen zu bekämpfen und die Therapieoptionen für Hochrisikopopulationen zu verbessern. Forscher haben neue Klassen von Verbindungen mit unterschiedlichen Wirkmechanismen erforscht, beispielsweise Nukleosidanaloga, Proteaseinhibitoren und Terminaseinhibitoren. Einige dieser Prüfpräparate haben in präklinischen und klinischen Studien vielversprechende Ergebnisse gezeigt und bieten potenzielle Alternativen zu bestehenden antiviralen Therapien.

- **Bemühungen zur Impfstoffentwicklung:** Die Suche nach einem wirksamen CMV-Impfstoff ist ein langjähriges Unterfangen in der Virusimmunologie. Forscher haben verschiedene Impfstoffplattformen untersucht, darunter abgeschwächte Lebendimpfstoffe, Subunit-Impfstoffe und Vektorimpfstoffe, mit der Absicht, robuste und langanhaltende Immunantworten gegen CMV auszulösen. Obwohl derzeit kein zugelassener CMV-Impfstoff verfügbar ist, haben mehrere Impfstoffkandidaten in klinischen Studien vielversprechende Ergebnisse gezeigt, was die Hoffnung auf eine präventive Lösung gegen diese weit verbreitete Virusinfektion neu entfacht.

Diese jüngsten wissenschaftlichen Entdeckungen haben unser Verständnis von CMV vertieft und neue Wege für mögliche Interventionen und Therapiestrategien eröffnet. Die Zusammenarbeit zwischen Forschern, medizinischem Fachpersonal und Aufsichtsbehörden wird von entscheidender Bedeutung sein, um diese wissenschaftlichen Fortschritte in greifbare Vorteile für Personen umzusetzen, die von CMV-Infektionen bedroht oder davon betroffen sind.

Impfstoffentwicklung

Die Entwicklung eines wirksamen und sicheren Impfstoffs gegen das Cytomegalievirus (CMV) ist seit langem ein Ziel der Virusimmunologie und Impfstoffforschung. Obwohl derzeit kein zugelassener CMV-Impfstoff verfügbar ist, wurden in den letzten Jahren erhebliche Fortschritte erzielt, da mehrere vielversprechende Impfstoffkandidaten verschiedene Stadien der klinischen Entwicklung durchlaufen.

- **Herausforderungen bei der CMV-Impfstoffentwicklung:**
  - CMV ist ein komplexes Virus mit einem großen Genom, was es schwierig macht, die wirksamsten Antigene zur Induktion einer schützenden Immunität zu identifizieren und gezielt anzugreifen.
  - Das Virus kann das Immunsystem des Wirts durch verschiedene Mechanismen umgehen und modulieren, was die Entwicklung eines Impfstoffs erschwert, der eine robuste

und langanhaltende Immunantwort hervorrufen kann.

○ Unterschiedliche Bevölkerungsgruppen, darunter Neugeborene, schwangere Frauen und immungeschwächte Personen, benötigen möglicherweise unterschiedliche Impfstrategien, die auf ihre Bedürfnisse und Immunreaktionen zugeschnitten sind.

- **Impfstoffplattformen und -ansätze:**
  ○ *Abgeschwächte Lebendimpfstoffe:* Diese Impfstoffe nutzen eine abgeschwächte oder abgeschwächte Form des CMV-Virus, um eine Immunantwort zu stimulieren. Obwohl sie möglicherweise wirksam sind, haben Sicherheitsbedenken ihre Entwicklung für den Einsatz in bestimmten Bevölkerungsgruppen, beispielsweise schwangeren Frauen und immungeschwächten Personen, behindert.

- ○ ***Untereinheiten-Impfstoffe:*** Diese Impfstoffe enthalten spezifische CMV-Proteine oder Proteinkomplexe, die eine gezielte Immunantwort gegen das Virus auslösen sollen. Forscher haben verschiedene CMV-Antigene, darunter Glykoprotein B (gB) und den Pentamerkomplex (PC), als potenzielle Impfstoffkandidaten untersucht.

- ○ ***Vektorimpfstoffe:*** Diese Impfstoffe nutzen harmlose Viren oder Bakterien als Vektoren, um CMV-Antigene zu transportieren und eine Immunantwort zu stimulieren. Virale Vektoren wie modifizierte Vaccinia- oder Adenoviren wurden als potenzielle Verabreichungsplattformen für CMV-Impfstoffe untersucht.

- ○ ***Prime-Boost-Strategien:*** Forscher untersuchen den Einsatz verschiedener Impfstoffplattformen in einem Prime-Boost-Ansatz, bei dem ein erster Impfstoff das Immunsystem stärkt und ein nachfolgender

Auffrischungsimpfstoff die Immunantwort gegen CMV weiter verstärkt und stärkt.

- **Klinische Studien und vielversprechende Kandidaten:**
  - Mehrere CMV-Impfstoffkandidaten haben in präklinischen Studien und frühen klinischen Studien vielversprechende Ergebnisse gezeigt und ihre Fähigkeit, robuste Immunantworten auszulösen, und ihre potenzielle Wirksamkeit bei der Vorbeugung von CMV-Infektionen oder -Erkrankungen unter Beweis gestellt.
  - Zu den bemerkenswerten Kandidaten zählen der gB/MF59-Untereinheit-Impfstoff, der bivalente V160-Impfstoff (der gB und PC enthält) und der mRNA-basierte Impfstoffansatz, der Messenger-RNA-Technologie zur Abgabe von CMV-Antigenen nutzt.

○ Laufende klinische Studien bewerten die Sicherheit, Immunogenität und potenzielle Wirksamkeit dieser Impfstoffkandidaten bei verschiedenen Zielgruppen, darunter gesunde Erwachsene, Jugendliche, schwangere Frauen und Transplantatempfänger.

Obwohl weiterhin erhebliche Herausforderungen bestehen, stellen die Fortschritte bei der Entwicklung von CMV-Impfstoffen einen vielversprechenden Schritt dar, um die weltweite Belastung durch CMV-Infektionen möglicherweise zu verringern und gefährdete Bevölkerungsgruppen vor den verheerenden Folgen dieser anhaltenden viralen Bedrohung zu schützen.

Die Zukunft der CMV-Behandlung

Die Zukunft der Behandlung mit dem Zytomegalievirus (CMV) bietet vielversprechende Aussichten, da laufende Forschung und wissenschaftliche Fortschritte Aufschluss über neue und innovative Ansätze zur Bekämpfung dieser anhaltenden viralen Bedrohung geben. Während aktuelle antivirale Medikamente und unterstützende Pflegemaßnahmen die Behandlung von CMV-Infektionen erheblich verbessert haben, verdeutlichen die Einschränkungen bestehender Therapien und die Entstehung von Arzneimittelresistenzen die Notwendigkeit neuer Behandlungsstrategien.

Neuartige antivirale Wirkstoffe:
Forscher erforschen aktiv neue Klassen antiviraler Verbindungen mit einzigartigen Wirkmechanismen, um die Einschränkungen aktueller Therapien zu überwinden und das Problem der Arzneimittelresistenz anzugehen. Zu den vielversprechenden Ermittlern gehören:

- **Letermovir:** Ein kürzlich zugelassenes antivirales Mittel, das den viralen Terminasekomplex hemmt und so die Verpackung und Replikation viraler DNA verhindert. Letermovir ist zur Prophylaxe einer CMV-Infektion bei bestimmten Transplantatempfängern zugelassen.
- **Maribavir:** Ein antivirales Benzimidazol, das die virale Proteinkinase UL97 hemmt und

so die Virusreplikation stört. Maribavir hat Potenzial zur Behandlung arzneimittelresistenter CMV-Infektionen gezeigt.

- **Brincidofovir:** Ein Lipid-konjugiertes Nukleotidanalogon, das die virale DNA-Synthese hemmt und derzeit für verschiedene Indikationen untersucht wird, einschließlich der Behandlung von CMV-Infektionen.

Immuntherapeutische Ansätze:

Die Nutzung des Immunsystems zur Bekämpfung von CMV-Infektionen ist ein aktives Forschungsgebiet. Zu den untersuchten immuntherapeutischen Strategien gehören:

- **CMV-spezifische T-Zelltherapien:** Dabei werden CMV-spezifische T-Zellen vom Patienten oder Spender isoliert, vermehrt und infundiert, um die Immunantwort gegen das Virus zu verstärken.
- **Monoklonale Antikörper:** Monoklonale Antikörper, die auf bestimmte CMV-Proteine oder -Antigene abzielen, werden als

potenzielle Immuntherapeutika untersucht, um das Virus zu neutralisieren, den Eintritt in Wirtszellen zu blockieren oder die Immunantwort zu verstärken.

- **Immun-Checkpoint-Inhibitoren:** Diese Therapien zielen darauf ab, die Reaktion des Immunsystems zu modulieren, indem sie auf immunsuppressive Signalwege abzielen und so möglicherweise die Fähigkeit des Körpers verbessern, CMV-infizierte Zellen zu erkennen und zu eliminieren.

Gentherapie und Gentechnik:
Fortschritte in der Gentherapie und den gentechnischen Technologien haben neue Möglichkeiten eröffnet, CMV-Infektionen auf molekularer Ebene gezielt zu bekämpfen und zu bekämpfen. Zu den untersuchten Ansätzen gehören:

- **Gen-Editing-Tools (CRISPR/Cas9):** Diese Werkzeuge können möglicherweise virale Gene oder Wirtszellfaktoren verändern oder stören, die für die Virusreplikation entscheidend sind, wodurch das Virus nicht mehr in der Lage ist, sich effektiv zu vermehren.

- **RNA-Interferenz (RNAi):** Diese Technologie nutzt kleine störende RNA-Moleküle, um bestimmte virale Gene oder zelluläre Pfade, die an der CMV-Replikation und Pathogenese beteiligt sind, zum Schweigen zu bringen.

Kombinationstherapien:

Die Zukunft der CMV-Behandlung könnte die strategische Kombination verschiedener Therapiemodalitäten wie antivirale Medikamente, Immuntherapien und genetische Interventionen umfassen, um synergistische Effekte zu erzielen und Arzneimittelresistenzen zu überwinden. Auch personalisierte Medizinansätze, die auf individuelle Patientenmerkmale und Virusstämme zugeschnitten sind, tragen zur Optimierung der Behandlungsergebnisse bei.

Da die Forschung in diesen Bereichen voranschreitet, verspricht die Zukunft der CMV-Behandlung effektivere, gezieltere und personalisiertere Ansätze zur Behandlung dieser hartnäckigen Virusinfektion. Bei der Umsetzung dieser wissenschaftlichen Entdeckungen werden jedoch gemeinsame Anstrengungen zwischen Forschern, medizinischem Fachpersonal, Regulierungsbehörden und Industriepartnern von entscheidender Bedeutung sein.

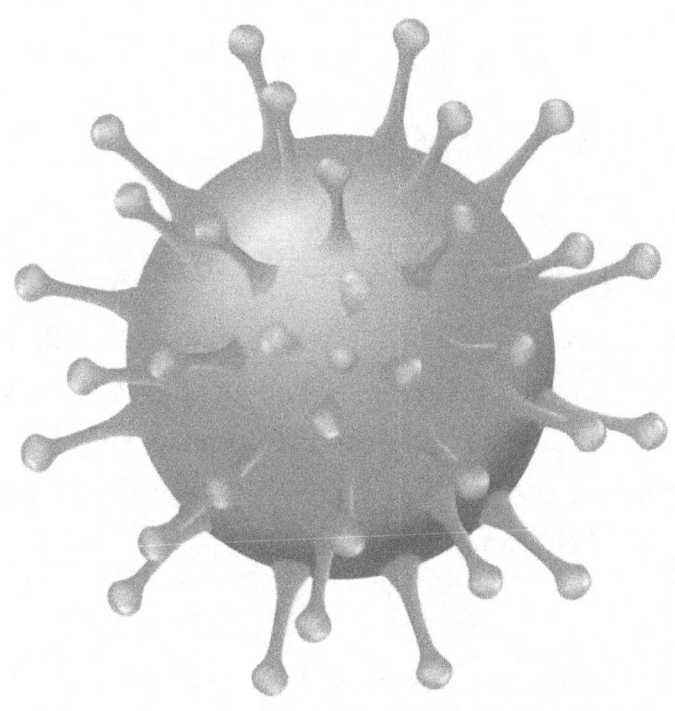

Kapitel 9

RESSOURCEN UND UNTERSTÜTZUNG

Selbsthilfegruppen und Gemeinschaften

Das Leben mit einer Zytomegalievirus-Infektion (CMV) kann, sei es als Patient, Betreuer oder Familienmitglied, eine herausfordernde Reise voller körperlicher, emotionaler und praktischer Herausforderungen sein.

Selbsthilfegruppen und Gemeinschaften können eine wertvolle Quelle der Ermutigung, des Verständnisses und der praktischen Hilfe für Einzelpersonen sein, die sich mit der Komplexität von CMV auseinandersetzen müssen.

- **Persönliche Selbsthilfegruppen:**
Lokale persönliche Selbsthilfegruppen, die von Gesundheitseinrichtungen, gemeinnützigen Organisationen oder Gemeindezentren organisiert werden, können ein Gemeinschaftsgefühl und eine Verbindung zu anderen schaffen, die ähnliche Erfahrungen machen. Sie können einen sicheren Raum bieten, um persönliche Geschichten zu teilen, Bewältigungsstrategien auszutauschen und emotionale Unterstützung von Personen zu erhalten, die die Herausforderungen des Lebens mit CMV wirklich verstehen.

- **Online-Support-Communitys:**
Im heutigen digitalen Zeitalter sind zahlreiche Online-Support-Communitys entstanden, die es Einzelpersonen auf der ganzen Welt ermöglichen, Kontakte zu knüpfen und Unterstützung zu finden. Bei diesen virtuellen Gemeinschaften kann es sich um Foren, Social-Media-Gruppen oder spezielle Websites handeln, die Einzelpersonen eine

Plattform bieten, auf der sie ihre Erfahrungen austauschen, Fragen stellen und Rat von anderen erhalten können, die ähnliche Situationen durchgemacht haben.

- **Krankheitsspezifische Organisationen:** Viele gemeinnützige Organisationen, die sich mit bestimmten Krankheiten oder Leiden wie angeborenem CMV oder Organtransplantationen befassen, bieten Unterstützung, Ressourcen und Programme für von CMV betroffene Personen an. Diese Organisationen können Lehrmaterialien bereitstellen, Veranstaltungen oder Konferenzen veranstalten, Treffen von Selbsthilfegruppen ermöglichen und sich für Forschungs- und Sensibilisierungsbemühungen einsetzen.

- **Peer-Support-Programme:** Einige Gesundheitseinrichtungen oder -organisationen bieten Peer-Support-Programme an, die Personen, die mit CMV leben, mit geschulten Freiwilligen oder Mentoren zusammenbringen, die über persönliche Erfahrung im Umgang mit den Herausforderungen der Erkrankung verfügen. Diese Programme können persönliche Unterstützung, Anleitung und ein Gefühl des gemeinsamen Verständnisses bieten.

- **Unterstützung durch Pflegekräfte:**
  Die Pflege einer Person mit einer CMV-Infektion kann körperlich und emotional anstrengend sein. Unterstützungsressourcen, die speziell für Pflegekräfte entwickelt wurden, wie z. B. Entlastungsprogramme, Beratungsdienste oder Selbsthilfegruppen für Pflegekräfte, können praktische Hilfe, Tools zur Stressbewältigung und eine unterstützende Gemeinschaft für diejenigen bieten, die Pflegefunktionen ausüben.

- **Bildungsressourcen:**
  Zusätzlich zur emotionalen Unterstützung bieten viele Organisationen und Gesundheitsdienstleister Bildungsressourcen wie Webinare, Workshops oder

Informationsmaterialien an, um Einzelpersonen und ihren Familien dabei zu helfen, CMV, seine Behandlung und die neuesten Forschungs- und Behandlungsentwicklungen besser zu verstehen.

Die Zusammenarbeit mit Selbsthilfegruppen und Gemeinschaften kann den von CMV betroffenen Personen ein Gefühl der Ermächtigung, Bestätigung und Hoffnung vermitteln. Durch die Verbindung mit anderen, die ähnliche Erfahrungen teilen, können Einzelpersonen auf Wissen, praktische Ratschläge und emotionale Unterstützung zugreifen, was letztendlich ihre Fähigkeit verbessert, mit den Herausforderungen von CMV umzugehen, und ihr allgemeines Wohlbefinden verbessert.

Lehrmaterialien und Öffentlichkeitsarbeit

Die Sensibilisierung und Bereitstellung genauer, aktueller Informationen über das Zytomegalievirus (CMV) ist von entscheidender Bedeutung für die Förderung der Früherkennung, die Förderung vorbeugender Maßnahmen und die Unterstützung der von der Infektion betroffenen Personen. Aufklärungsmaterialien und Öffentlichkeitsarbeit sind von entscheidender Bedeutung für die Verbreitung von Wissen und die Förderung eines besseren Verständnisses von CMV in der breiten Öffentlichkeit, bei Hochrisikogruppen und bei medizinischem Fachpersonal.

- **Materialien zur Patientenaufklärung:** Materialien zur Patientenaufklärung wie Broschüren, Informationsblätter und Multimedia-Ressourcen können Einzelpersonen und Familien zugängliche Informationen über CMV, seine Übertragung, Symptome, Diagnose und Behandlungsmöglichkeiten bieten. Diese Materialien sollten in einer klaren, leicht verständlichen Sprache verfasst und auf verschiedene Leseniveaus und kulturelle Hintergründe zugeschnitten sein.

- **Ressourcen für medizinisches Fachpersonal:** Angehörige der Gesundheitsberufe, darunter Ärzte, Pflegepersonal und Spezialisten, benötigen umfassende und aktuelle Ressourcen, um über die neuesten Entwicklungen in der CMV-Forschung, Diagnosemethoden, Behandlungsrichtlinien und Best Practices für die Patientenversorgung informiert zu bleiben. Medizinische Fachzeitschriften, Leitlinien für die klinische Praxis und Weiterbildungsprogramme können wertvolle Ressourcen für Gesundheitsdienstleister sein.

- **Kampagnen zur Sensibilisierung der Öffentlichkeit:** Kampagnen zur Sensibilisierung der Öffentlichkeit können eine entscheidende Rolle dabei spielen, das Wissen über CMV zu erweitern, insbesondere bei Hochrisikogruppen wie schwangeren Frauen, Personen mit geschwächtem Immunsystem und medizinischem Personal. Diese Kampagnen können verschiedene Plattformen nutzen, darunter soziale Medien, traditionelle Medien und Community-Outreach-Veranstaltungen, um Informationen zu verbreiten und vorbeugende Maßnahmen zu fördern.

- **Bildungsseminare und Workshops:** Die Organisation von Bildungsseminaren, Workshops oder Webinaren kann eine interaktive Plattform für Einzelpersonen, Betreuer und medizinisches Fachpersonal bieten, um von Experten auf diesem Gebiet mehr über CMV zu erfahren. Diese Veranstaltungen können viele Themen abdecken, wie z. B. Symptomerkennung, Übertragungsprävention, Behandlungsmöglichkeiten und Bewältigungsstrategien.

- **Schul- und Kita-Ausbildung:** Die Aufklärung von Personal und Eltern in Schulen, Kindertagesstätten und anderen Kinderbetreuungseinrichtungen über CMV kann dazu beitragen, das Bewusstsein zu schärfen und Präventionsmaßnahmen zu fördern, da diese Umgebungen potenzielle Übertragungsquellen sind. Lehrmaterialien und Schulungsprogramme können die Bedeutung guter Hygienepraktiken, des sicheren Umgangs mit Körperflüssigkeiten und des Erkennens potenzieller Anzeichen einer Infektion hervorheben.

- **Zusammenarbeit mit Patientenvertretungen:** Die Zusammenarbeit mit Patienteninteressengruppen und gemeinnützigen Organisationen, die sich auf CMV oder verwandte Erkrankungen konzentrieren, kann die Aufklärungsbemühungen verstärken. Diese Organisationen verfügen häufig über etablierte Netzwerke, Ressourcen und Plattformen, um Informationen zu verbreiten und das Bewusstsein der Gemeinschaft zu schärfen.

Effektive Aufklärungsmaterialien und Öffentlichkeitsarbeit sind unerlässlich, um Einzelpersonen, Betreuern und Angehörigen der Gesundheitsberufe das Wissen und die Werkzeuge zu vermitteln, die sie zur Bewältigung der Herausforderungen durch CMV benötigen. Durch die Förderung des Bewusstseins, die Bereitstellung genauer Informationen und die Förderung eines besseren Verständnisses der Infektion können wir proaktive Schritte zur Früherkennung, Prävention und verbesserten Behandlung von CMV unternehmen und so letztendlich das Wohlbefinden der von dieser anhaltenden viralen Bedrohung Betroffenen verbessern.

Interessenvertretung und Richtlinienänderung

Interessenvertretung und politische Änderungen sind von entscheidender Bedeutung, um das Bewusstsein zu schärfen, die Forschung zu fördern und den Zugang zu Ressourcen und die Unterstützung für Personen zu verbessern, die von Infektionen mit dem Zytomegalievirus (CMV) betroffen sind. Durch die Beteiligung an Interessenvertretungen und die Einflussnahme auf politische Entscheidungen können verschiedene Interessengruppen sinnvolle Veränderungen vorantreiben und ein unterstützenderes Umfeld für diejenigen schaffen, die mit CMV leben.

- **Patientenvertretung Organisationen:** Patientenvertretung Organisationen, die häufig von direkt von CMV betroffenen Personen oder ihren Betreuern geleitet werden, spielen eine wichtige Rolle bei der Befürwortung von Richtlinienänderungen, einer Aufstockung der Forschungsmittel und einem verbesserten Zugang zu Gesundheits- und Unterstützungsdiensten. Diese Organisationen können Einfluss auf politische Entscheidungsträger nehmen, Sensibilisierungskampagnen organisieren und die Stimmen der CMV-Betroffenen stärken.

- **Sensibilisierung der politischen Entscheidungsträger:**

  Advocacy-Bemühungen zur Sensibilisierung von politischen Entscheidungsträgern und Regierungsbeamten sind von entscheidender Bedeutung, um Veränderungen voranzutreiben. Dies kann die Organisation von Advocacy-Veranstaltungen, die Planung von Treffen mit gewählten Vertretern und die Bereitstellung von Lehrmaterialien umfassen, die die Auswirkungen von CMV und den Handlungsbedarf hervorheben.

- **Für mehr Forschungsförderung plädieren:** Das Eintreten für mehr Mittel für die CMV-Forschung ist von wesentlicher Bedeutung, um das wissenschaftliche Verständnis voranzutreiben, neue Diagnoseinstrumente zu entwickeln und neue Behandlungsoptionen und Präventionsstrategien zu erkunden. Interessengruppen und Interessenvertreter können daran arbeiten, sicherzustellen, dass die CMV-Forschung sowohl bei öffentlichen als auch bei privaten Finanzierungsinitiativen weiterhin Priorität hat.

- **Förderung von Screening- und Präventionsrichtlinien:** Interessenvertretung Bemühungen können sich auf die Förderung von Richtlinien konzentrieren, die Screening- und Präventionsprogramme für CMV unterstützen, insbesondere für Hochrisikogruppen wie schwangere Frauen und immungeschwächte Personen. Dies kann das Eintreten für die Einbeziehung des CMV-Screenings in die routinemäßige

Schwangerschaftsvorsorge oder die Unterstützung der Entwicklung und Umsetzung von Impfprogrammen umfassen.

- **Verbesserung des Zugangs zu Gesundheits- und Unterstützungsdiensten:** Das Eintreten für einen verbesserten Zugang zu Gesundheits- und Unterstützungsdiensten ist von entscheidender Bedeutung, um sicherzustellen, dass von CMV betroffene Personen eine rechtzeitige Diagnose, eine angemessene Behandlung und die notwendige Unterstützung erhalten, um die mit der Infektion verbundenen physischen, emotionalen und praktischen Herausforderungen zu bewältigen.

- **Zusammenarbeit und Partnerschaften:** Der Aufbau von Partnerschaften und die Zusammenarbeit mit medizinischem Fachpersonal, Forschern, politischen Entscheidungsträgern und anderen Interessengruppen können die Interessenvertretung verstärken und politische Veränderungen effektiver vorantreiben. Diese Kooperationen können eine stärkere Stimme schaffen und sich für umfassende Lösungen einsetzen, indem kollektives Fachwissen und Ressourcen genutzt werden.

Interessenvertretung und politische Veränderungen erfordern nachhaltige Anstrengungen, Ausdauer und die Verpflichtung, das Bewusstsein zu schärfen und positive Veränderungen voranzutreiben. Durch die Beteiligung an Interessenvertretungsinitiativen können Einzelpersonen, Organisationen und Interessengruppen ein unterstützenderes und gerechteres Umfeld für die von CMV Betroffenen schaffen, die Früherkennung fördern, den Zugang zu Ressourcen erleichtern und letztendlich die allgemeinen Gesundheitsergebnisse verbessern.

ABSCHLUSS

Das Zytomegalievirus (CMV) ist eine weit verbreitete und anhaltende Virusinfektion, die Einzelpersonen, medizinisches Fachpersonal und die Gesellschaft vor Herausforderungen stellt. Während beim Verständnis und der Bekämpfung dieses komplexen Virus erhebliche Fortschritte erzielt wurden, bleibt noch viel zu tun, um seine Hindernisse zu überwinden und diejenigen zu schützen, die am stärksten von seinen möglichen Folgen betroffen sind.

Eine der größten Herausforderungen bei der Bekämpfung von CMV ist die Notwendigkeit eines größeren Bewusstseins und Wissens über die Infektion in der breiten Öffentlichkeit und bestimmten Hochrisikogruppen. Viele Menschen müssen sich der potenziellen Risiken und

Auswirkungen von CMV bewusster sein, was zu unzureichenden Präventionsmaßnahmen, verzögerter Diagnose und suboptimalen Managementstrategien führen kann. Die Sensibilisierung der Öffentlichkeit durch Aufklärungskampagnen, starke Öffentlichkeitsarbeit und umfassende Schulungen für Gesundheitsdienstleister ist für die Bewältigung dieser Herausforderung von entscheidender Bedeutung.

Eine weitere große Hürde ist die begrenzte Verfügbarkeit wirksamer Behandlungen und die Entstehung von Arzneimittelresistenzen. Während aktuelle antivirale Medikamente bei vielen Patienten zu besseren Ergebnissen führen, kann ihre Wirksamkeit durch Arzneimittelresistenzen oder unerwünschte Nebenwirkungen beeinträchtigt werden, insbesondere bei immungeschwächten Personen. Kontinuierliche Investitionen in die Entwicklung neuartiger antiviraler Wirkstoffe, Immuntherapien und genetischer Interventionen sind für die Bereitstellung wirksamerer und gezielterer Behandlungsmöglichkeiten von entscheidender Bedeutung.

Das Fehlen eines zugelassenen CMV-Impfstoffs verschärft die Herausforderungen bei der Verhinderung und Kontrolle der Ausbreitung des Virus zusätzlich. Die laufenden Bemühungen zur Entwicklung von Impfstoffen sind vielversprechend, aber es bestehen weiterhin erhebliche Hindernisse bei der Herstellung eines sicheren, wirksamen und allgemein zugänglichen Impfstoffs, der gefährdete Bevölkerungsgruppen wie Neugeborene, schwangere Frauen und immungeschwächte Personen schützen kann.

Eine weitere entscheidende Herausforderung ist die Bewältigung der langfristigen Folgen von CMV-Infektionen, insbesondere bei angeborenem CMV oder schweren Komplikationen. Um ihre Lebensqualität zu verbessern und eine optimale Genesung zu fördern, ist die Bereitstellung umfassender Unterstützungsdienste, Rehabilitationsprogramme und fortlaufender Pflege für Personen mit Behinderungen oder chronischen Erkrankungen aufgrund von CMV von entscheidender Bedeutung.

Die Bewältigung der Herausforderungen, die CMV mit sich bringt, erfordert einen vielschichtigen Ansatz, der die Zusammenarbeit zwischen Forschern, medizinischem Fachpersonal, politischen Entscheidungsträgern, Patientenvertretungen und der breiteren Gemeinschaft umfasst. Durch die Förderung von Partnerschaften und die Nutzung kollektiver Fachkenntnisse, Ressourcen und Interessenvertretungen können wir Fortschritte in der Prävention, Diagnose, Behandlung und Unterstützung für diejenigen vorantreiben, die von dieser anhaltenden Virusbedrohung betroffen sind.

Letztendlich ist die Bekämpfung von CMV nicht nur ein wissenschaftliches oder medizinisches Unterfangen; Es handelt sich um eine kollektive Verantwortung, die ein Engagement für Bildung, Forschung, Interessenvertretung und mitfühlende Fürsorge erfordert. Indem wir die Herausforderungen direkt angehen und einen umfassenden Ansatz verfolgen, können wir eine Zukunft schaffen, in der die Auswirkungen von CMV minimiert werden und die von der Infektion Betroffenen ein gesünderes und erfüllteres Leben führen können.

Der Weg Nach Vorne

Um die Herausforderungen des Zytomegalievirus (CMV) zu meistern, ist ein unerschütterliches Engagement für die Weiterentwicklung wissenschaftlicher Erkenntnisse, die Förderung gemeinsamer Bemühungen und die Umsetzung umfassender Strategien zur Prävention, Diagnose, Behandlung und Unterstützung der von dieser anhaltenden Virusinfektion Betroffenen erforderlich.

Der Weg nach vorn muss der kontinuierlichen Investition in Forschung und Entwicklung an mehreren Fronten Priorität einräumen. Das beinhaltet:

- **Impfstoffentwicklung:** Die Beschleunigung der Bemühungen zur Entwicklung sicherer und wirksamer CMV-Impfstoffe, die gefährdete Bevölkerungsgruppen wie Neugeborene, schwangere Frauen und immungeschwächte Personen schützen, bleibt eine entscheidende Priorität. Um dieses Ziel zu erreichen, ist es von entscheidender Bedeutung, die wissenschaftlichen und logistischen Hürden zu überwinden, die frühere Initiativen zur Impfstoffentwicklung behindert haben.

- **Neuartige antivirale Therapien:** Die Erforschung neuer Klassen antiviraler Verbindungen mit einzigartigen Wirkmechanismen ist von entscheidender Bedeutung, um Arzneimittelresistenzen zu bekämpfen und wirksamere Behandlungsmöglichkeiten für CMV-Infektionen bereitzustellen. Die Zusammenarbeit zwischen Forschern, Pharmaunternehmen und Aufsichtsbehörden kann die Umsetzung vielversprechender Prüfpräparate in die klinische Praxis beschleunigen.

- **Immuntherapeutische Ansätze:** Die Nutzung der Kraft des Immunsystems durch Strategien wie CMV-spezifische T-Zell-Therapien, monoklonale Antikörper und Immun-Checkpoint-Inhibitoren birgt ein erhebliches Potenzial zur Verbesserung der Fähigkeit des Körpers, CMV-Infektionen zu bekämpfen, insbesondere bei immungeschwächten Personen.

- **Genetische und molekulare Interventionen:** Fortschritte in der Gentherapie, der Gentechnik und den molekularen Technologien eröffnen neue Wege zur gezielten Bekämpfung und Bekämpfung von CMV-Infektionen auf molekularer Ebene. Die fortgesetzte Erforschung dieser hochmodernen Ansätze könnte zu innovativen Behandlungsmodalitäten und einem besseren Verständnis der Wirt-Virus-Interaktionen führen.

Neben diesen Forschungsbemühungen sind solide Initiativen im Bereich der öffentlichen Gesundheit und Aufklärungskampagnen von entscheidender Bedeutung, um das Bewusstsein zu schärfen, Präventivmaßnahmen zu fördern und die Früherkennung von CMV-Infektionen zu fördern. Gezielte Outreach-Bemühungen sollten sich auf Hochrisikogruppen, medizinisches Fachpersonal und die breite Öffentlichkeit konzentrieren und dabei verschiedene Plattformen nutzen und das Fachwissen von Patientenvertretungen und Interessengruppen nutzen.

Die Stärkung der Gesundheitsinfrastruktur und die Verbesserung des Zugangs zu diagnostischen Tests, Behandlungen und unterstützenden Pflegediensten sind ebenfalls wesentliche Bestandteile des weiteren Weges. Dazu gehört die Sicherstellung angemessener Ressourcen für Gesundheitseinrichtungen, die Förderung bewährter Praktiken im CMV-Management und die Bereitstellung umfassender Unterstützungsdienste für Personen, die von den langfristigen Folgen von CMV-Infektionen betroffen sind.

Darüber hinaus müssen Zusammenarbeit und Partnerschaften zwischen Forschern, Gesundheitsdienstleistern, politischen Entscheidungsträgern und Patientenvertretungen gefördert und aufrechterhalten werden. Durch die Nutzung kollektiver Fachkenntnisse, Ressourcen und Interessenvertretungen können wir sinnvolle politische Änderungen vorantreiben, die Finanzierung von Forschungs- und

Unterstützungsdiensten sicherstellen und ein gerechteres und unterstützenderes Umfeld für die von CMV Betroffenen schaffen.

Der Weg nach vorne ist zweifellos eine Herausforderung, aber die potenziellen Vorteile der Eroberung von CMV sind immens. Indem wir einen vielschichtigen Ansatz verfolgen, der wissenschaftliche Fortschritte, Initiativen im Bereich der öffentlichen Gesundheit, Verbesserungen der Gesundheitsinfrastruktur und gemeinsame Anstrengungen integriert, können wir den Weg für eine Zukunft ebnen, in der die Belastung durch CMV deutlich reduziert wird. Die von dieser Virusinfektion Betroffenen können ein gesünderes und erfüllteres Leben führen.

ANHÄNGE

Glossar der Begriffe

- **Antikörper:** Ein vom Immunsystem produziertes Protein, das bestimmte Antigene erkennt und daran bindet, um den Körper vor schädlichen Krankheitserregern zu schützen.
- **Antigen:** Jede Substanz, die das Immunsystem dazu veranlasst, Antikörper dagegen zu produzieren.
- **Asymptomatisch:**Zeigt keine Krankheitssymptome.
- **Angeborenes CMV:**Zytomegalievirus-Infektion, die während der Schwangerschaft auftritt und von der Mutter auf den Fötus übertragen wird.

- **Zytomegalievirus (CMV):** Ein weit verbreitetes Virus, das Menschen jeden Alters infizieren kann und normalerweise im Körper schlummert.

- **Immungeschwächt:**Ein beeinträchtigtes oder geschwächtes Immunsystem haben.

- **Latenz:** Der Zustand, in dem ein Virus im Körper vorhanden ist, aber inaktiv oder ruhend bleibt.

- **Polymerase-Kettenreaktion (PCR):** Eine Labortechnik zur Amplifikation und zum Nachweis von DNA- und RNA-Sequenzen.

- **Seroprävalenz:** Die Konzentration eines Krankheitserregers in einer Population, gemessen im Blutserum.

- **Virämie:** Das Vorhandensein von Viren im Blut.

Häufig gestellte Fragen

1. *Was ist das Zytomegalievirus (CMV)?*
   CMV ist ein weit verbreitetes Virus, das Menschen jeden Alters infizieren kann. Nach der Infektion verbleibt das Virus lebenslang im Körper, typischerweise in einem Ruhezustand.

2. *Wie wird CMV übertragen?*
   CMV wird durch engen Kontakt mit Körperflüssigkeiten wie Speichel, Blut, Urin, Sperma und Muttermilch verbreitet.

3. *Wer ist einem CMV-Risiko ausgesetzt?*
   Während sich jeder mit CMV infizieren kann, stellt es das größte Risiko für schwangere Frauen, Neugeborene und Personen mit geschwächtem Immunsystem dar.

4. *Was sind die Symptome von CMV?*
   Die meisten Menschen mit CMV haben keine Symptome. Wenn jedoch Symptome auftreten, können diese Fieber,

Halsschmerzen, Müdigkeit und geschwollene Drüsen umfassen.

5. **Wie wird CMV diagnostiziert?**
CMV wird durch Labortests diagnostiziert, zu denen Blutuntersuchungen, Urintests und Rachenabstriche gehören können.

6. **Kann CMV behandelt werden?**
Es gibt keine Heilung für CMV, aber antivirale Medikamente können helfen, das Virus zu kontrollieren und Krankheiten vorzubeugen oder zu behandeln.

7. **Gibt es einen Impfstoff gegen CMV?**
Derzeit gibt es keinen Impfstoff gegen CMV, es wird jedoch an der Entwicklung eines solchen geforscht.

8. **Kann CMV verhindert werden?**
Gute Hygienepraktiken wie Händewaschen können dazu beitragen, die Ausbreitung von CMV zu verhindern, insbesondere bei Personen mit hohem Risiko.

9. **Welche Komplikationen kann CMV verursachen?**

In einigen Fällen kann CMV insbesondere bei Neugeborene schwerwiegende Gesundheitsprobleme wie Hörverlust, Sehverlust und Entwicklungsstörungen verursachen.

10. **Wo finde ich weitere Informationen zu CMV?**

Weitere Ressourcen und Unterstützung finden Sie in Kapitel 9 dieses Buches sowie über Gesundheitsdienstleister und Unterstützende Organisationen.

Referenzen und weiterführende Literatur

Allgemeine CMV-Informationen

- Mocarski, E. S., Shenk, T., Griffiths, P. D., & Pass, R. F. (2013). Cytomegalovirus. In *Fields Virology* (6. Auflage, Bd. 2, S. 1960-2014). Lippincott Williams & Wilkins.
- Cannon, M. J., Schmid, D. S. & Hyde, T. B. (2010). Überprüfung der Cytomegalievirus-Seroprävalenz und demografischer Merkmale im Zusammenhang mit einer Infektion. *Reviews in Medical Virology*, 20(4), 202-213.

Diagnose und Labortests

- Lazzarotto, T. & Guerra, B. (2017). Neue Fortschritte bei der Diagnose einer angeborenen Cytomegalievirus-Infektion. *Journal of Clinical Virology*, 88, 19-24.
- Stagno, S. & Britt, W. J. (2012). Zytomegalievirus-Infektionen. In *Prinzipien und Praxis pädiatrischer Infektionskrankheiten* (4. Auflage, S. 1089-1097). Elsevier Saunders.

Behandlung und Management

- Kimberlin, D. W. & Whitley, RJ (2015). Antivirale Therapie von HSV-1 und -2. In *Antiviral Research: Strategies in Antiviral Drug Discovery* (S. 45-63). ASM-Presse.

- Griffiths, P. D., Stanton, A., McCarrell, E., Smith, C., Osman, M., Harber, M., ... & Emery, V. C. (2011). Cytomegalievirus-Glykoprotein-B-Impfstoff mit MF59-Adjuvans bei Transplantatempfängern: eine randomisierte, placebokontrollierte Phase-2-Studie. *The Lancet*, 377(9773), 1256-1263.

Prävention und öffentliche Gesundheit

- Adler, S. P. & Marshall, B. (2007). Zytomegalievirus und Kindertagesbetreuung: Hinweise auf eine erhöhte Infektionsrate bei Tagesbetreuern. *The New England Journal of Medicine*, 317(10), 596-602.

- Pass, R. F., Zhang, C., Evans, A., Simpson, T., Andrews, W., Huang, M. L., ... & Britt, W. (2009). Impfprävention einer mütterlichen Zytomegalievirus-Infektion. *The New

England Journal of Medicine*, 360(12), 1191-1199.

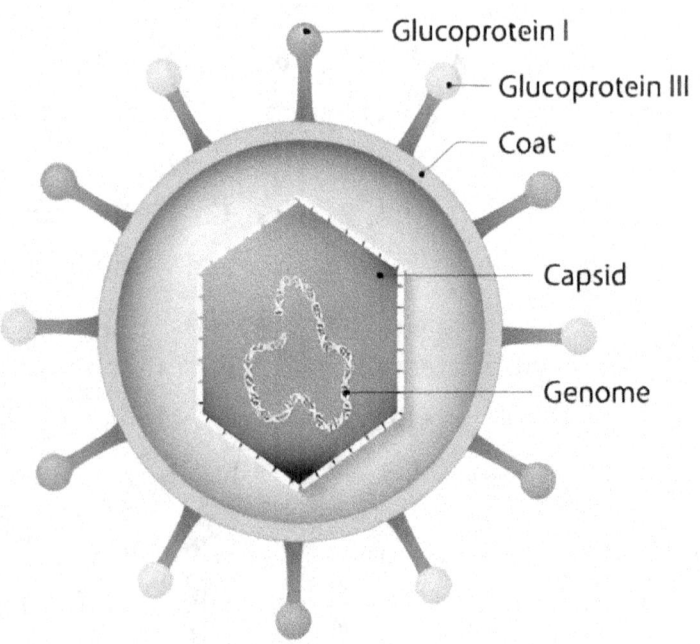

www.ingramcontent.com/pod-product-compliance
Lightning Source LLC
Chambersburg PA
CBHW070424290526
45791CB00005B/1820